U0142407

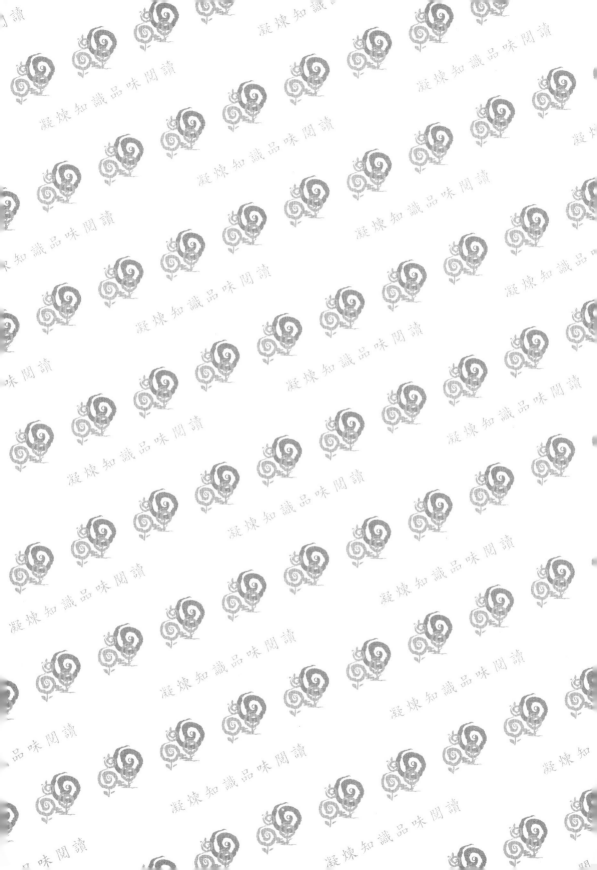

鋼結構
設計入門

第二版

An Introduction to Steel Structural Design

許聖富◎著

五南圖書出版公司 印行

再版序

　　時光飛逝，本書《鋼結構設計入門》自 2017 年 3 月初版發行至今，已進入第六個年頭。其間感謝出版社大力推廣、各校師生及業界賢達愛用順利完售。本書最大特色係採用諸多實景照片、圖片穿插在各章節內，藉以平衡學術理論內容的艱澀，同時也加深讀者對各種鋼結構的認識。

　　初版內容係作者為了趕上逢甲大學 2016 年度第二學期授課之用，除參酌其他作者成果，將多年蒐集之資料及平日隨身攜帶相機、手機所拍攝各種工程的照片，利用工作剩餘之有限時間（含假日加班），自行打字、繪製圖表、編撰而成。由於自行打字作業，後續提送出版社排版、校稿及印刷，時間均較為倉促，目前已發現初版內容有錯謬誤植之處，本次再版中已予以修正。倘仍有其他不妥或違誤之處，尚祈社會賢達不吝指正，賜教處請參初版自序第 2 頁。

　　對於有志參加公職及專門職業技師考試者，在學完本書基本內容後，仍需再精進研讀坊間其他有助於考試的書籍，多多練習例題及演算歷屆考題（可從考選部網站下載），在此亦預祝各位早日榮登金榜。

許聖富 謹序
土木技師、水土保持技師
二〇二三年歲末於苗栗公館雙月園

自序

　　「鋼結構設計」乃大專院校土木相關科系中，除了測量學、工程力學、結構學、材料力學、土壤力學、基礎工程、鋼筋混凝土等專業科目之外，一門不可或缺的科目。由於現代科技的進步、鋼料生產技術的提昇、造型多變及尺寸多元，加上鋼材原本就有的高強度、整體結構自重較輕及施工快速的優勢，使得鋼構的建築物有如雨後春筍般，不斷從地球表面竄出、升起，在其他構造物的應用上亦不斷推陳出新。

　　然而，鋼結構的分析及設計方法有 ASD 及 LRFD 二種主流理論（含不同年分的修正版次），以及 2005 年二種理論的整合版，加上公制（tf/cm^2、tf/m^2、kgf/cm^2）及英制（ksi、psi）的使用，演繹出許多不同的計算公式；加上臺灣又有自己從 ASD 及 LRFD 二種理論基礎，所衍發出來的容許應力法及極限設計法。對於初學者來說，簡直可以用「眼花撩亂、暈頭轉向」來形容；而授課的老師們也會有難以取捨的感覺，一學期不過 18 週（部分學校已改為 16 週），第一週亦常有不上的情形，再扣除排定的期中考及期末考二週，加上一些國定假日、平常的小考及抽考等，整學期能真正上課的時數非常有限，講授內容的取捨真的不好拿捏。而不同的作者對於整體內容的取捨也十分困擾，讀者也不難發現，不同書籍的內容差異還十分明顯。

　　筆者自 1989 年從比利時學成歸國後，先後在逢甲大學及明新科大專任教職共五年多，其餘時間均在國內工程顧問公司服務，累積二十多年的工程實務經驗。2013 年度因緣際會回到逢甲大學兼任，並在第二學期

有機會在土木系進修部講授「鋼結構設計」課程，因每週僅上二節課，而坊間有關鋼結構設計的書籍，內容豐富詳實卻不盡然適合初學者。有鑑於此，為達提綱挈領、精簡扼要及減輕學子負擔（價格及重量，有些超過 1.15 公斤）的目的，本書主要以 ASD（容許應力法）為主軸，增加少部份 LRFD（極限設計法）的扼要介紹，並取名《鋼結構設計入門》。內容共分八章，第一章〈緒論〉、第二章〈鋼料之性質及力學行為〉、第三章〈軸向拉力構件〉、第四章〈軸向壓力構件〉、第五章〈梁構件〉、第六章〈梁柱構件〉、第七章〈鋼構件接合方式〉及第八章〈鋼結構其他說明〉。

　　為了趕上 2016 年度第二學期上課之用，作者乃利用有限的時間自行打字、撰寫、編制本書。復因作者隨身攜帶相機、隨時拍攝各種工程的照片。因此本書中才有許多的現地實景照片穿插在各章節內，藉以平衡理論內容的艱澀，也加深讀者對各種鋼結構的認識。由於打字作業、提送出版社排版、校稿及印刷時間較為倉促，錯謬誤植之處在所難免，尚祈社會賢達不吝指正。（賜教處：sanford877@yahoo.com.tw）

　　對於初學者，作者建議僅先針對 ASD（容許應力法）的內容加以研讀，熟知其理論架構及內涵後，若還有興趣，再進一步去了解 LRFD（極限設計法）的內容。對於有志參加公職及專門職業技師考試者，在學完本書基本內容後，仍需再精進研讀坊間其他有助於考試的書籍，多多練習例題及演算歷屆考題（可從考選部網站下載），如此方能克盡其功、早日金榜題名。

許聖富 謹序
土木技師、水土保持技師
於公館 双月園

目錄

第一章　緒　論

1.1 鋼結構概說

「結構」係由一個或二個以上固體構件，經適當安排結合在一起的構造物，使能承受及傳遞荷重或作用力，且在加載或卸載過程中仍能維持穩固，不致發生明顯的變形。廣義的結構應包括：橋樑、房屋建築、廠房、庫房、塔架、棚架、門架、版、殼、牆、壩體、管體（含隧道）、槽體、機體（飛行器、船舶及車輛）、軌道、看板及標識牌架、燈具構件、人體骨架及器械、圍護欄阻設施等，其中部分偏屬機械工程範圍（如車輛及器械），部分不需特別經過力學分析來設計（如圍護欄阻設施及燈具構件），採用設計標準圖即可。而「鋼結構」則是由鋼料製成的固體構件（含鋼索）所組裝或建構而成的構造物，一如「鋼筋混凝土結構」（以下簡稱 RC 結構）係用鋼筋混凝土作為固體構件所施築而成的構造物。只是施工方法有所不同，前者多用銲接或螺栓或球節方式，直接快速的將鋼料構件接合起來，而後者則是用預拌或場拌混凝土逐步澆置在配有鋼筋的構件（梁、柱、版、殼、墻、桿、基礎等）斷面空間內，經過一定時間的養護，待強度達到容許值時拆模及表面處理而成。

愈來愈多的鋼材構造物（非僅限於鋼構高層大樓）出現在我們生活的週遭環境，鋼料構件之所以被建築師、技師及設計師們大量選用，必定有它的道理。

一、鋼結構的優點

1. 總重量較輕、強度較大

　　不同於 RC 構件（混凝土抗拉強度僅約其抗壓強度的十分之一），鋼材則具有相同的抗拉及抗壓強度，且隨著煉鋼技術的提昇，目前的鋼材強度已經可以達到 7000kgf/cm²，即使是一般的鋼材強度也有 2500kgf/cm²，這已是一般混凝土強度（210kgf/cm²）的 11.9 倍。

　　鋼材的單位重（7850kgf/m³）雖然比 RC 構件（2400kgf/m³）約重 3.3 倍左右，但因鋼構材不像 RC 構件大都是實心全斷面，不論是 I 型、H型、口字型、中空圓型或其他組合型斷面，鋼構材的斷面積僅佔全斷面的 10～20% 之間。因此，鋼結構的總重量要比 RC 結構來得輕，更適合用於大跨徑及高樓層的結構物或建築物，一般 RC 結構的深跨比（梁深與柱間梁跨徑之比值，d/L）大約是 1：12，鋼結構的跨深比可提高到 1：24。因構件斷面大（尤其是柱子，常見 RC 結構大樓地下室極大斷面尺寸的柱子），空間的使用性就愈低、經濟性也愈低；鋼結構之總重量較輕，對抵抗地震力作用也更為有利，因為總橫向作用力與建築物的總自重成正比。

2. 材料韌性高

　　由於鋼材韌性高，能夠吸收較大作用力所產生的能量（如車輛超載或動力載重所產生者），即使發生較明顯的變形，構件也不會有突然斷裂的情形發生。

3. 結構造型可以多變

　　隨著現代科技的突飛猛進，鋼鐵廠已能精準的生產出造型多變、尺寸多元的鋼構件（包括 3D 曲線），這項生產技術讓建築師或設計者能有更廣闊的揮灑空間（如圖 1-1），予人增添賞心悅目的感覺，也擺脫過去結構物給人生冷及呆板的印象；加上 RFID 技術（無線射頻）的應用，再多

的複雜構件運到現場經讀取器（Reader）掃描構件上的晶片（Tag），就能清楚判讀它們的組裝樓層及位置，迅速進行吊裝組合。

圖 1-1　造型多變的鋼結構案例照片

4. 材料均質性高、品質容易管控

鋼材工廠通常有電腦化控制的標準作業流程，在生產製造過程品質容易管控，故具有極高的等向性及均質性，而且在降伏應力的範圍內材料呈現幾乎完美的彈性現象。因此，鋼結構的實際受力行為較能符合事前力學分析的預期結果，不致出現過大的落差。

5. 施工組裝容易、工期短

相較於 RC 結構，鋼結構的施工顯得快速簡便許多，因混凝土材質澆置時需要振動搗實，澆置後需要養護且要等 28 天（或使用早強水泥）強度才會達到預期的結果，較高樓層的澆置作業需要好的流動性及強力的泵浦車，否則一旦預拌混凝土在輸送管中途卡住，要花許多時間找出卡點、排除障礙及清理殘料等，倘若現場作業工人任意加水，又會影響混凝土的品質及強度。

鋼的構件可以大量預製，尺寸精確且快速，必要時可以在工廠完成「假組裝」，以確認所有構件都符合設計需求，之後再行拆卸並運至工

地，吊運至各樓層以銲接方式或用高強度螺栓正式進行快速組裝。

6. 構件拆解容易、可回收再利用

　　RC 構件一旦凝固就很難拆除，通常需要動用破碎機械，甚至使用炸藥或爆裂物，而且拆除後剩餘的殘料除了鋼筋之外，無法回收再利用，多數混凝土塊只能棄置或敲的更碎後當作臨時性的填土材料。而鋼料的拆除就方便許多，原來用銲接的或是高強度螺栓日久生鏽彼此沾黏，都可用乙炔進行切割拆解，之後進回收場處理，或是全組鋼結構完整拆解後運至他處完整的組裝再使用，例如位於台中市后里區麗寶樂園的摩天輪，即為購自日本福岡的中古摩天輪（高 120m，圖 1-2），號稱全臺灣及亞洲最大的摩天輪。

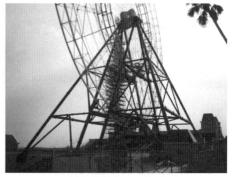

圖 1-2　台中麗寶樂園摩天輪及主結構照片

二、鋼結構的缺點

1. 不耐高溫及低溫

　　鋼材表面溫度在 200℃時，強度的變化不太顯著，但溫度上升至 300～400℃時，其強度及彈性模數即明顯下降，到 400℃時強度幾乎消失。反之在極低溫的環境下，鋼材很容易發生脆性破壞。因此，對於耐火

性要求較高之鋼構造物，必須注意加強保護措施，如在鋼構件外面包一層混凝土或其他防火材料（石膏板、防火塗料、蛭石板或化學隔熱塗料等）。相對地，鋼料在極低溫的環境下會有脆化之傾向，因此，在寒帶地區或酷冷環境下建造鋼結構須另外考量脆化行為，避免造成無預警的瞬間解體。

2. 耐腐蝕性較差

鋼質構件經過完整的除鏽處理，並在其表層塗裝合格的防鏽材料，可以減緩鋼材腐蝕的問題。但臺灣地區空氣環境中常帶有侵蝕性的物質，尤其是鄰近海域的鋼結構，須特別注意其潮濕且具有腐蝕性的作用，加強構件之防鏽處理，或採用熱浸鍍鋅及耐候型的鋼料，以免造成鋼結構嚴重的腐蝕，影響其使用品質及結構壽命。

3. 構件有挫屈風險

結構構件中細長構件承受軸向壓力作用時，在束制條件及細長比達到一定的情況下（如第 4 章所述）會有挫屈（buckling）的風險，其中一種就是在垂直於作用力（構件）的方向上突然產生很大的側向位移，造成構件之破壞；另外 H 型鋼的梁構件在無足夠側向支撐及非結實斷面的條件下承受彎矩作用時，也可能會產生彈性及非彈性側向扭轉挫屈（lateral torsional buckling）現象。

4. 焊接作業技術需求高

愈來愈多的鋼結構採用高強度螺栓進行接合，因為品質容易受到控制。但仍有不少的鋼結構是使用焊接方式將構件進行接合，此時，焊接作業的工人必需由受過一定時間之操作訓練，並經過政府機關委託或指定或授權的專業機構檢測合格、領有技術士證照者擔任；而且焊接作業完成後還需經過目視及儀器的檢測，確定焊接品質無虞。

5. 有殘餘應力問題

　　鋼構件在生產製造過程中或焊接加工、冷作時，因內外溫度的冷卻速度不同，以及受力過程中所產生的非彈性變形，容易留下較高的殘餘應力，從而改變鋼構件之強度及鋼結構之整體力學行為。（註：巨積混凝土也有因內外溫度的冷卻速度不同所產生的後續問題）

6. 構件需要定期維護

　　鋼構件為了避免環境造成的鏽蝕，表層需要定期刷漆保養，如臨海港、臨河道的鋼構大橋，每 3～7 年就要重新清理表層脫漆，再重新塗裝防鏽漆。因此，有些鋼構大橋就有固定的維護工人，他們的工作就是從大橋的一邊開始、漸次移動到另一邊，每天的工作就是清理鋼構件的表面、塗漆，週而復始，一輪下來就是一個保養週期，甚至有工人在同一座大橋工作一輩子直到告老還鄉為止。

1.2 鋼結構之分類及構件受力

　　在進入鋼結構分類之前，吾人須先對結構及構件之力學行為、束制條件、作用力及接合方式有一整體的初步認識，將有助於後續內容之了解。

1. 靜力和動力：靜力即結構所承受之作用力大小與時間無關者（通常是定值），反之動力則是結構所承受之作用力大小會隨時間的改變而有所不同，如地震力（作用力方向、正負值及大小隨地震波的到達而改變）、風力（颱風或颶風作用期間風向及作用力大小隨時改變）、機械力（置於廠房版梁上面的動力機械常會產生週期性的反復作用力）等。

2. 平面及立體結構：平面結構係指所在的位置屬於二度空間（2D，X-Y、Y-Z、X-Z 軸），而立體結構所在的位置則屬於三度空間（3D，X-Y-Z 軸）。

3. 束制條件：一般結構端部及非端部的束制條件可分爲自由端、輥端、鉸端、固定端及彈簧端（線性彈簧及旋轉彈簧）。

4. 構件作用力：拉力或張力（沿構件軸向施拉，鋼索只能受拉）、壓力（沿構件軸向施壓）、扭力（繞著構件軸向旋轉）、彎矩（繞著垂直於構件軸向旋轉，可有二向作用力）、剪力（順著垂直於構件軸向剪切，可有二向作用力）、溫差（溫度不同所產生的構件軸向伸縮）。

5. 節點接合方式：較常用的鋼構件節點接合方式爲螺栓接合及焊接，對於鋼桁架結構，早期尙有鉚釘接合（現在已少用），近代的鋼桁架及鋼棚架結構另有使用鋼球作爲節點之接合（簡稱球節接合，如圖 1-3 所示）。

6. 線性及非線性：結構在受力情況下如果構件材料維持在彈性範圍內，則屬於線性結構，構件不會產生永久變形；反之，構件材料已進入塑性範圍時則屬於非線性結構，亦即構件將產生永久變形，無法回復原來的形狀及尺寸。

圖 1-3　　使用鋼球作為節點接合案例照片

　　依 1.1 之定義，「結構」乃由一個或多個固體構件結合在一起的構造物，可以承受外加載重不致有明顯變形。從吾人生活週遭環境觀察，鋼結構的種類雖然繁多，但依其功能可概分為：橋梁結構、房屋建築結構、廠（庫）房結構、體運館場結構、站區結構、塔架結構、棚架結構、門架結構、看板及標識結構、遊憩結構、起重結構、浮體及車體結構、管體結構、槽體結構、版殼結構、燈具桅桿結構、景觀結構、軌條結構、圍阻結構、水利設施結構、臨時支撐結構及其他型式結構等，茲針對不同的鋼結構及構件受力情形分別說明如下：

一、橋梁結構

　　為了滿足公路及軌道運輸交通（捷運、一般鐵路及高速鐵路）之需求，不論都市區域、郊區或森林區，都會興建各式的橋樑（立體或平面、跨河谷或非跨河谷），如果採用鋼材構件來結合組裝，可以達到減輕自重、加大跨度、施工快速的目的。鋼構橋樑約可分為下列型式：

1. 桁架橋

　　由於軌道運輸（列車）的載重一般均遠大於公路運輸（房車、貨卡車、聯結車），採用桁架橋（如圖 1-4a～1-4c）可達到增加跨度、減輕自重的目的，另一種供人員通行之空中廊道（如圖 1-4d）也可以採用這種型式的橋梁，國外有一些提供鐵公路運輸的雙層橋，一層做為公路運輸之用，另一層則做為鐵路運輸或捷運之用，如「南京長江大橋」、「日本瀨戶大橋」及「關西國際機場聯絡橋」，可採用桁架橋或桁架橋配搭懸索橋型式，常見的桁架橋構件採用 H 型鋼、口字型鋼或組合鋼。

圖 1-4a　臺灣高鐵桁架橋照片

圖 1-4b　鐵路桁架橋（花樑鋼橋）照片

圖 1-4c　公路桁架橋照片

圖 1-4d　空中廊道桁架橋照片

　　基本上節點以鉸接方式組合的桁架橋構件屬於二力構件，主要受力只有壓力及拉力，上弦桿通常是承受壓力，下弦桿則承受拉力，斜桿則不一定，不同型式的桁架橋斜桿配置方式不同，須經過計算才能知道何者承受壓力、何者承受拉力。

2. 拱橋

　　鋼造拱橋（如圖 1-5a 及 1-5b）通常以拱肋配搭順車行方向之主梁以及連結拱肋和主梁之吊桿（垂直或斜交），拱肋及主梁爲箱型斷面，拱肋受壓、主梁及吊桿受拉。

圖 1-5a　公路拱橋（關渡大橋）照片　　圖 1-5b　公路拱橋（來義大橋）照片

3. 板梁及箱型橋

　　鋼造板梁多以三片鋼板附增支撐及中間加勁板組合成較大斷面之 I 型梁，又兩 I 型梁連同側向支撐組合成單跨等斷面橋樑（如圖 1-6a），一般跨度不大的鐵路橋多採此種型式；而抗扭矩功能更佳的鋼箱型橋可採連續多跨變斷面或多跨等斷面形式，藉以建構比板梁橋跨度更大的高架橋樑，例如圖 1-6b 所示爲台北市捷運文湖線復興北路段與市民大道交會處照片。此類橋樑主要受力由彎矩控制，視構件所在位置的彎矩正負值產生拉應力或壓應力，另外需檢核剪應力及變位，若有偏心設計則需考慮扭力作用。

圖 1-6a　鐵路 I 型鋼造板梁橋照片　　圖 1-6b　捷運及公路鋼箱型高架橋照片

4. 懸索橋

　　懸索橋又稱吊橋，係以鋼纜（或鋼鉸線）、橋塔（多為 RC 構造）、垂直索及橋面板構成（如圖 1-7a 及 1-7b），鋼纜及垂直索承受拉力、橋塔承受壓力，橋面板主要承受彎矩。目前全世界最著名的懸索橋屬位於日本本州與四國之間，連接神戶和淡路島的「明石海峽大橋」，全長 3,911m，橋墩主跨距 1,991m，寬 35m，兩邊跨距各為 960m，橋身呈淡藍色，它擁有世界第三高的橋塔（298.3m），僅次於法國密佑（Millau）高架橋（342m）以及中國蘇通長江公路大橋（306m）。另一著名的懸索橋是跨越連接舊金山灣和太平洋金門海峽的「舊金山金門大橋」，其橋墩跨距長 1,280.2m，建成時曾是世界上跨距最大的懸索橋，橋身呈褐紅色，曾擁有世界第四高的橋塔（高度 227.4m），全橋總長度 2,737.4m。

圖 1-7a　懸索橋（苗栗客屬大橋）照片　圖 1-7b　懸索橋（碧潭人行吊橋）照片

5. 斜張橋

圖 1-8a　公路斜張橋（新北大橋）照片　圖 1-8b　公路斜張橋（光復橋）照片

　　斜張橋由主梁、斜向鋼索以及支承鋼索的橋塔（多為 RC 構造）組成（如圖 1-8a 及 1-8b），其剛度比吊橋大，但跨度比懸索橋小。鋼索張拉成直線狀，橋塔承受壓力，主梁與彈性支承上的連續梁性能相似。斜張橋在構造上有單塔或雙塔、單面索或兩面索、密索或少索等形式，索的配置也有不同的放射形式，而橋塔、主梁、橋台之間有鉸接或固接等多種類型。目前全世界最長的斜張橋位於俄羅斯海參崴的「俄羅斯島大橋」，主

跨長度 1,104m，於 2012 年 7 月建成並正式超越主跨長度 1,088m 的中國蘇通長江公路大橋；另外目前全世界最高的斜張橋係位於法國南部的「密佑高架橋」（Millau Viaduct）。

值得一提的是，連接新北市八里區與淡水區的「淡江大橋」，2016 年 5 月舉辦橋型資格審查，來自歐美及亞洲地區等 6 組團隊入圍，展開國際競圖，得標團隊所提出的構想是橋體結合淡水夕照及在地人文特色，設計的鋼纜參考雲門舞集的飄逸精神，墩柱模擬雙手合十意象，與觀音山美景相襯，融合地方人文景觀，主橋體結構長度 0.9 公里，預計 2025 年底完工、通車，屆時將是全世界最長的單塔不對稱斜張橋，敬請期待。

6. 管線橋

公共設施管線包括電力、電信（含軍、警專用電信）、自來水、下水道、瓦斯、廢棄物、輸油、輸氣、有線電視、路燈、交通號誌等，其中自來水、瓦斯及輸油管屬於硬管，過河段常須獨立以自身管道長度佈放在橋墩之間（如圖 1-9a），落墩數有限制之河道或橋墩間距較大者，須以桁架、拱架及其他方式輔助管道佈放在橋墩之間（如圖 1-9b）；其餘纜線類的管線則多附掛在其他交通橋樑上通過河道。

圖 1-9a　跨河水管橋照片　　　　圖 1-9b　跨河管線橋照片

7. 棧橋

　　棧橋是一種具有碼頭功能的橋狀建築物，由岸邊伸向河面或海面（如圖 1-10a），主要結構係採用建於靠近海岸或河岸的鐵路站、港口、碼頭、礦場或工廠，如位於中國青島市市南區青島灣內的「青島棧橋」，主要建築是橋頭的一個二層建築—回瀾閣。另一種型式的棧橋是建於邊坡的沿線上，供車輛或行人通行（如圖 1-10b）。

圖 1-10a　跨河棧橋結構照片　　　　圖 1-10b　邊坡棧橋結構照片

8. 活動橋

　　活動橋亦稱開啟橋、開合橋或可動橋，通常為通航、通行需要而建，橋身能以立轉、旋轉（如圖 1-11a）、直升、側升、捲縮、平移、運渡等方式開合的橋樑，適用於交通不很頻繁但須讓船隻通行的河道、航道或港口，歐洲較著名的活動橋是位於英國的「倫敦塔橋」。臺灣首座景觀式的升降橋是位於屏東大鵬灣的「鵬灣跨海大橋」（如圖 1-11b），於 2008 年 3 月開始興建，於 2011 年 2 月完工，全長為 579m，橋寬 30m，主塔高度距水面 71m。另一種活動橋是設在機場的空橋或稱登機橋，是一種機場航站內的設施，從登機門延伸至機艙艙門，方便乘客進出機艙，空橋的前緣可平移、升降及伸縮直通至登機口。

圖 1-11a　旋轉橋（彰化扇形車庫）照　圖 1-11b　升降橋（鵬灣跨海大橋）照
　　　　　片　　　　　　　　　　　　　　　　　片

二、房屋建築結構

　　房屋建築是我們生活最常看到的結構物，主要是提供人們居住、辦公、休閒或進行商業活動之用，低矮建築（高度低於 15m）及中高層建築（高度介於 15～50m）的主結構大多採用鋼筋混凝土構造，少部分採用鋼構造則用於公共服務設施，如宜蘭縣的蘭陽博物館（圖 1-12a）；而超高層建築（高度大於 50m）則多採鋼骨構造或鋼骨鋼筋混凝土構造（SRC），如圖 1-12b 及 1-12c，臺灣較著名的超高層為「台北 101 大樓」。

圖 1-12a　蘭陽博物館外觀及內部結構照片

　　具有少數構件的靜定穩定結構物（未知的束制條件數目小於或等於三），如懸臂單桿的道路標誌牌、三鉸拱、簡支梁及一邊滾端、一邊鉸端的靜定桁架等，還可以手算方式完成作用力檢算分析及設計必要的斷面尺寸；唯吾人放眼所見的結構物大都是屬於超靜定結構物，自然需要藉助於套裝軟體來分析及設計。

圖 1-12b　新北市政府辦公大樓照片

圖 1-12c　施工中超高樓結構照片

三、廠（庫）房結構

　　工廠廠房、庫房及展示間通常需要較大的無柱空間，因此，中間無柱的拱形（如圖 1-13a，類似三鉸拱）及人形鋼構造（如圖 1-13b）就成為重要選項，人形架及拱架主要是承受壓力，可以取前後各半個間距的構件單元，進行初步分析及概估構件需要的尺寸，為求謹慎，再以套裝軟體進行精算。

圖 1-13a　拱頂結構（西安兵馬俑 #1　　圖 1-13b　廠房人形結構照片
坑）照片

四、體運館場結構

　　運動休閒已是現代人生活中不可或缺的部分，各級政府亦愈來愈重視市民的身體素質，許多政府籌建的體育運動館場（如棒球場、田徑場、足球場、綜合運動中心等）特別強調外觀造型（如圖 1-14a 及 1-14b），此類的結構物屬於超靜定結構物，需要藉助於套裝軟體來分析及設計，臺灣較著名的體運館場為「台北大巨蛋」，中國則以「北京奧運國家體育館：鳥巢」著稱。

圖 1-14a　苗栗小巨蛋照片　　　　圖 1-14b　新北市綜合運動場結構照片

五、站區結構

　　交通及旅遊亦是現代人日常生活中不可或缺的部分，各國及各地政府亦愈來愈重視服務品質，眾多交通服務的站區如鐵公路、捷運、高鐵、港口、機場等，同樣強調外觀造型及結構功能，此類的結構物要求空間寬敞、較大跨度、構造簡潔、光線通透、環保節能，因此設計師利用質輕且造型多變之鋼構件所組合的站區結構，即如雨後春筍般出現在世人眼前（如圖 1-15a～1-15d）。此類結構物亦屬於超靜定結構物，且需考量風力作用，需要藉助套裝軟體來分析及設計。

圖 1-15a　高鐵左營車站結構照片

圖 1-15b　上海浦東國際機場航站結構照片

圖 1-15c　台中火車站高架站區結構照片

圖 1-15d　高雄捷運高架站區結構照片

六、塔架結構

　　塔架結構主要功能是訊號及電力之傳輸、高層建物施工之吊塔及觀光遊憩，包括：台電高壓鐵塔、電視台及電台微波發射架、通訊中繼強波站（如圖 1-16a）、觀光纜車中間塔（如圖 1-16b）及海上鑽油平台，此類結構多以型鋼、角鋼及圓型鋼管組合而成，整體結構主要承受風力作用，構件承受拉力或壓力或彎矩。國際上較著名的塔架結構有「東京晴空塔」（高度 634m，2012 年完工）、「巴黎艾菲爾鐵塔」（總高度 320m，1889 年完工）及「布魯塞爾原子球塔」（高度 102m，1958 年完工）。

圖 1-16a　塔架結構（電訊強波站）照片　　圖 1-16b　塔架結構（貓空纜車）照片

七、棚架結構

　　棚架結構主要功能為遮陽及遮雨，一種是家用型的棚架結構，如頂樓加蓋的棚架，一種是公用或私用的停車場或通廊（如圖 1-17a），這二類的棚架結構主要是用型鋼、角鋼及小圓鋼管組成；另一種是觀光遊憩景點的造型棚架（如圖1-17b），主要是由鋼管及二向可受力的薄膜張拉而成。

圖 1-17a　棚架結構（火車站通廊）照　圖 1-17b　棚架結構（上海世博園區）
片　　　　　　　　　　　　　　　　　照片

八、門架結構

　　門架結構如高速公路及快速公路上的電子收費和標誌門架（如圖
1-18a）、大樓和地下停車場警示及限高門架（如圖1-18b），此種結構多
以大小圓型鋼管組合而成，主要承受自重、風力及側向撞擊力。

圖 1-18a　高速公路標誌門架照片　　圖 1-18b　地下停車場限高門架照片

九、浮體及車體結構

　　主要的浮體結構是船隻，小的遊艇外殼可採用複合纖維製造，而大型的船隻外殼多用鋼板製造（如圖 1-19a），另一種浮體是設於海岸或河岸邊隨潮位升降的浮碼頭（如圖 1-19b），它是由鋼板組合而成的箱體，並由夾具在固定的鋼柱間上下。此類浮體須考慮反復應力造成的材料疲勞現象；而車體則包括汽車、火車、捷運、高鐵、客運及遊覽車的車身箱體。

圖 1-19a　浮體（麗星郵輪）結構照片　　圖 1-19b　浮碼頭加裝棚架結構照片

十、槽體及板殼結構

　　槽體結構主要是圓柱體狀的油槽（如圖 1-20a）及工廠用儲槽（如圖 1-20b），此種結構物主要承受內部儲存源料的環狀壓力，圓柱體則產生環狀張應力。另外平面稱為板、立面或曲面稱為殼，前者如鋼承板主要用於鋼骨構造的樓層（如圖 1-20c），彩色鋼板多用於屋頂層；後者多用於工業用氣體或液體儲槽（如圖 1-20d），此種結構體多數是球形體，主要受力為內部氣體或液體所產生的壓力。

圖 1-20a　桃園機場儲油槽照片

圖 1-20b　工廠用儲槽照片

圖 1-20c　建物樓層鋼承版照片

圖 1-20d　氣體儲槽球殼照片

十一、管體結構

　　鋼造管體多用於輸送水體、液體及工業用之氣體，如大觀水力發電廠外掛輸水管（如圖 1-21a）及輸送氣體、油料的地下管線（如圖 1-21b），此類管體主要承受內部壓力及土壤作用力，另外工廠鋼管煙囪則承受內部熱氣壓力及外部風力、地震力作用。

圖 1-21a　大觀電廠輸水管照片　　　圖 1-21b　地下油管施工照片

十二、看板及標識結構

　　常見的看板結構設於大賣場、速食店或商場前（如圖 1-22a），而標識結構常見於道路上的指示標誌（如圖 1-22b），另有位於高速公路兩旁農田上高聳的廣告看板，主要結構是單柱鋼管或多柱鋼管組成的承重軸，以及鋼板材質的板面，在承受風力作用情形下可能產生彎矩及扭力。

圖 1-22a　廣告看板結構照片　　　圖 1-22b　道路標識結構照片

十三、遊憩結構

遊憩結構多設在規模較大的遊樂區，相關設備有海盜船（如圖 1-23a）、摩天輪（如圖 1-23b）、風火輪、雲霄飛車、瘋狂列車、自由落體、360 度多方向轉體等，主要結構視遊憩設施種類而定，各種作用力都可能產生（包括離心力）。國內主要的遊樂區為「六福村主題遊樂園」及「麗寶樂園」，國外較著名的則是「迪士尼樂園」。

圖 1-23a　遊憩結構（六福村海盜船）　圖 1-23b　遊憩結構（美麗華摩天輪）
　　　　　照片　　　　　　　　　　　　　　　　　照片

十四、起重結構

起重結構分設於岸邊型及陸上型二種，前者為港口或碼頭供貨輪或貨櫃船卸貨之用（如圖 1-24a），後者又稱天車（如圖 1-24b），設於工廠內部或外部用於吊裝材料或重物（如預鑄混凝土節塊），主要結構體承受的作用力為彎矩及軸向壓力。

圖 1-24a　碼頭起重結構（基隆港）照　圖 1-24b　工廠起重結構（天車）照片
　　　　　片

十五、燈具及桅桿結構

　　常見的燈具及桅桿結構用在道路（如圖 1-25a）、公園、停車場（如圖 1-25b）、夜間球場等處，旗桿也是其中一種，主要結構承受自重以及風力所造成的彎矩和扭力。

圖 1-25a　道路燈具結構（共桿）照片　圖 1-25b　停車場燈具結構（桅桿）照
　　　　　　　　　　　　　　　　　　　　　　　片

十六、景觀結構

　　景觀結構主要用在觀光遊憩區或大樓廣場前的公共藝術品，如設在上海世博園區的喇叭型構造物（圖 1-26a）及台北信義區的交錯拱體構造物（圖 1-26b），此類構造物主要由型鋼及圓形鋼管組成，主要作用力是自重及風力作用。

圖 1-26a　景觀結構（上海世博園區）照片　　圖 1-26b　景觀結構（台北信義區）照片

十七、軌條結構

　　軌條結構主要是將列車（火車、捷運、高鐵等）之輪重藉由枕木、道碴或道版均勻地傳遞給下方的土壤或構造物，軌條主要承受橫向壓力、剪力及彎矩。

圖 1-27a 軌條結構（鐵路道碴軌道） 照片　　圖 1-27b 軌條結構（高鐵道版軌道） 照片

十八、圍阻結構

　　圍阻結構主要用在人行天橋或陽台的欄杆（如圖 1-28a），高速公路或高架橋的護欄和隔音牆（如圖 1-28b），以及設於人行道的移動式車阻，主要結構為小型鋼或小圓管或角鋼或鋼板組合而成，構件主要承受側向推力或風力作用。

圖 1-28a　建物圍護欄杆照片　　圖 1-28b　高速公路隔音牆護欄照片

十九、水利設施結構

　　水利設施結構主要用在攔河堰及水庫洩洪道可升降式的鋼製閘門（如圖 1-29a 及 1-29b），主要結構承受來自水壓力所產生的彎矩作用；另一種水利設施結構係用在內河航運上供船隻升降的船梯（boat lift）及鋼製水閘門，如英國的「Falkirk Wheel」。

圖 1-29a　都江堰河道閘門結構照片　　圖 1-29b　明德水庫洩洪道閘門結構照片

二十、臨時支撐結構

　　許多臨時性的構造物，如橋樑節塊施工的臨時支撐（如圖 1-30a）、施工便道、施工構台（如圖 1-30b）、施工鷹架、捷運站區和大樓地下室開挖之內部支撐，多用型鋼、角鋼、圓型鋼管組合而成，主要構件承受軸壓力、彎矩、剪力作用。

二十一、其他型式結構

　　其他結構如道路邊溝、截水溝及進水孔的鍍鋅格柵板，滯洪池溢洪道口的不鏽鋼攔污柵、家用鐵捲門、公車及捷運車箱內的扶手、景觀電梯的主構架、公園體健設施、單槓及雙槓、橋樑伸縮縫設施等。因限於篇幅，

無法一一提供照片，就請讀者從生活環境中注意觀察吧。

圖 1-30a　橋樑臨時支撐結構照片　　圖 1-30b　地下室開挖施工構台照片

1.3 鋼結構之分析及設計作業準則

結構在設計之前須先進行結構分析，一如前節所述，不同類型的鋼結構因功能不同而承受不同的作用力，而且結構內部不同的構件也可能承受不同的作用力。

一、結構分析

在確認工程需求、結構功能及可能的外加載重後，即可構思結構的型式及種類，並選用鋼材的強度及分析方法，經試算後決定構件尺寸，再求解結構物在前述條件下的各種反應，包括支承反力、構件內作用力、構件應力、節點各方向的變位及轉角，之後再確認構件應力未超過規範的強度、變位及轉角未超過規範值。茲舉一簡單之二力構件受拉情形來說明結構分析的粗淺概念。

【例題 1-1】如圖 1-31 所示，有一實心圓形鋼棒，斷面直徑 d 為 6cm，構件長度 2m，鋼材楊氏係數 E 為 $2 \times 10^6 \text{kgf/cm}^2$，構件承受通過斷面形心的軸向作用力 P 為 50tf，假設構件容許拉應力為 $1 \times 10^6 \text{kgf/cm}^2$，構件容許伸長量為 5mm，試求鋼棒在 P 力作用下是否滿足要求？

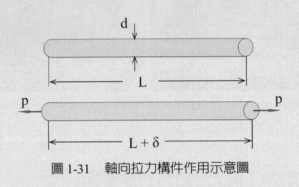

圖 1-31　軸向拉力構件作用示意圖

解：

斷面應力為均勻分布

$$\sigma = \frac{P}{A} = \frac{50 \times 1000}{\pi/4 \times 6 \times 6} = 1768.38 \text{kgf/cm}^2 < 1 \times 10^6 \text{kgf/cm}^2$$

應變為應力除以楊氏係數

$$\varepsilon = \frac{\sigma}{E} = \frac{1768.38}{2 \times 1000000} = 8.84 \times 10^{-4}$$

構件伸長量 = 應變 × 構件長

$$\delta = \varepsilon \times L = (8.84 \times 10^{-4})(2 \times 1000) = 1.77 \text{mm} < 5 \text{mm}$$

以上可證鋼棒在 P 力作用下可以滿足要求。

二、結構設計

　　由前段結構分析例題，吾人可看出雖然鋼棒承受在 P 力作用下可以

滿足應力及應變之要求，但應力及應變值遠小於容許值，如此有浪費工料及成本的疑慮。結構設計即在結構承受各式載重時，構件之應力及應變均符合容許值之條件下，選擇最經濟的構件斷面尺寸。茲以例題 1-1 的條件來說明結構設計的粗淺概念。

【例題 1-2】如圖 1-31 所示，相同的鋼材承受相同的軸向拉力，但斷面直徑 d 未知，要求 d 為多大才可滿足應力及應變之容許值？

解：

1. 滿足軸拉應力 $1 \times 10^6 \text{kgf/cm}^2$ 條件之斷面直徑

$$\sigma = \frac{P}{A} = \frac{50 \times 1000}{\pi/4 \times d \times d} \text{kgf/cm}^2 \leq \sigma_{\text{allow}} = 1 \times 10^6 \text{kgf/cm}^2$$

得 $d \geq 0.25 \text{cm}$

2. 滿足軸向伸長量 5mm 條件之斷面直徑

$$\text{應變值 } \varepsilon = \frac{\sigma}{E} = \left(\frac{50 \times 1000}{\pi/4 \times d \times d \times 2 \times 1000000} \right) = \frac{0.1}{\pi \times d \times d}$$

$$\text{伸長量 } \delta = \varepsilon \times L = \frac{0.1 \times 2 \times 1000}{\pi \times d \times d} = \frac{200}{\pi \times d \times d}$$

伸長量須 $\leq$ 容許伸長量，即

$$\delta = \frac{200}{\pi \times d \times d} \leq \delta_{\text{allow}} = 5 \text{mm}$$

得 $d \geq 0.36 \text{cm}$

斷面設計取大值，即 $d = \max\{0.25 \text{cm}, 0.36 \text{cm}\} = 0.36 \text{cm}$

三、作用在結構物的載重

作用在結構物上的載重包括：靜載重、活載重、衝擊載重及環境載重，因載重種類及大小具有地域性，各國對結構物載重值之規定不盡相同，如內陸地區通常較少受到颱風或颶風侵襲，美國有些州則經常受到龍

捲風的肆虐，而有些地區從未發生地震，寒帶地區建築物則需考慮雪載重的影響（屋頂常呈細尖塔形以減少積雪的厚度及重量）。然而，隨著極端氣候及環境變遷的影響，風、雪、水對結構物的衝擊愈來愈強烈，各國亦需採取因應措施及調整載重值的大小。

1. 靜載重（dead loads）：又稱呆載重，凡是結構物自身的重量（包括梁、柱、樓板、外牆、隔間牆）及固定設置在結構物上的設施（包括外牆大理石、玻璃窗、遮陽棚、照具、空調管線、給排水及污水管線等）。簡單地說就是不會移動的構件及物件屬於靜載重，反過來說，可移動的構件及物件不可列為靜載重。至於不同的材料單位重及不同結構物的靜載重值，讀者可參閱《建築技術規則構造編》。

2. 活載重（live loads）：依《建築技術規則構造編》第十六條：垂直載重中不屬於靜載重者，均為活載重，活載重包括建築物室內人員、傢俱、設備、貯藏物品、活動隔間等。工廠建築應包括機器設備及堆置材料等。倉庫建築應包括貯藏物品、搬運車輛及吊裝設備等。積雪地區應包括雪載重。建築物的活載重會因樓地版用途不同而不同，讀者可參閱《建築技術規則構造編》第十七條，不同材料的單位重可參閱第十二條～十五條；至於鐵公路橋樑的活載重則請分別參閱《鐵路橋梁設計規範》及《公路橋梁設計規範》。

3. 衝擊載重（impact loads）：車輛行駛在道路上，因路面凹凸不平致使車輪彈跳撞擊路面，或因車輛由進橋版駛入橋面後所引起的振動致使車輛載重被放大，或者是結構物的承載構件（樓版或梁）因往復式機器作用所產生的振動，這些因動力作用放大的作用力就是衝擊載重。在橋樑設計中，車輛載重的衝擊作用力即為車輛載重乘以衝擊係數，而衝擊係數與橋樑的跨度有關，跨度愈小衝擊係數愈

大；但在建築物的設計中，衝擊載重與跨度無關，依《建築技術規則構造編》第二十三條：承受往復式機器或原動機之構材，其活載重須加計機器重量的百分之五十。

4. 環境載重（environmental loads）：由結構物周遭環境所產生而作用在結構體上的載重即為環境載重，包括：風壓力、地震力、土壓力、水壓力、溫差及不均勻沉陷等。受風力破壞最著名的橋樑係1940 年發生在美國華盛頓州的「Tacoma Narrows Bridge」，由於當時的橋樑設計規範尚未考慮到風力造成的共振效應，致使完工四個月即因海灣強風所形成的共振而振垮。

四、結構設計作業流程及目標

1. 結構設計作業流程：結構設計作業可依下列流程進行，而鋼結構主要構件的設計僅侷限於鋼材的使用，故僅考慮鋼索、鋼鉸線、鋼棒、鋼板、角鋼、各式型鋼及組合鋼等構件材料。

   ⑴ 前置作業階段：確認業主（公家機關或私人機構）之經費預算、標的物功能及整體需求，據以決定結構物之位置、規模、大小、尺寸、結構型式及材料種類。

   ⑵ 現況調查及地形測量階段：設計作業前須對基地位置的地形、地貌、土地產權、地上物、地下管線及構造物、地層分布及地質狀況（含土石流、斷層、地下水補注等地質敏感區資料，以及土壤組成、承載力、地下水位等）進行調查及辦理地形測量（通常 1/500）。

   ⑶ 初步或基本設計階段：一如前節所述，不同的結構功能需求，會有迥異的結構型式，連帶有不同的構件組合。本階段主要是針對業主的需求、現地環境（含基地附近可能的風力及地震力作用）、施工條件等因素，選定幾種方案並研擬標的物的雛

形、結構型式、約略規模及各構件尺寸，將各種可能的載重組合輸入電腦輔助設計分析軟體，進行初步結構力學分析及經費估算，經各方案之安全性、經濟性、適用性及美觀性綜合比較優劣後，交由業主裁決出最後要進行細部設計的方案。

(4) 細部設計階段：根據前一階段定案的標的物方案進行細部尺寸的設計及配置微調，經反復作業確認各構件尺寸後，即可進行構件間接合之細部設計及精算工程經費成本；如果業主是政府機關，則進行預算書圖的編製作業，若是工程經費超過一千萬者，另須依據公共工程委員會的 PCCES 格式製作工程預算書。

(5) 工程招標發包階段：業主依前階段最後確定的工程預算書圖及發包文件（含契約草案），據以辦理工程發包作業。政府機關的工程發包作業需依「政府採購法」相關規定辦理，並將發包文件上傳至「政府電子採購網」進行公告，各地之廠商得以上網查閱公告資料及進行備標、投標作業，開標後得標之廠商即進行後續契約簽訂作業。

(6) 其他作業階段：不論設計廠商有無參與監造作業，施工階段承包商現場如對設計內容有疑義，設計廠商須配合到場或以其他方式說明，必要時還得協助辦理變更設計；工程完工後，參與監造作業的設計廠商亦需協助業主辦理驗收作業。

2. 結構設計的訴求目標

(1) 安全性：不論哪一種類型的結構，安全性是首要考慮的目標，對於位處環太平洋地震帶和颱風肆虐帶的臺灣及日本而言，任何結構物都必須符合耐震及抗風的要求。不當的設計在外力的極端意外組合下，將帶來無限的遺憾，如 2016 年 2 月 6 日因美濃地震而倒塌的台南市維冠大樓（如圖 1-32a），造成 115 人不

幸罹難，以及 2016 年 9 月 16 日被莫蘭蒂強颱吹倒的高雄港起重設備（如圖 1-32b）。

圖 1-32a　地震中倒塌的維冠大樓照片　圖 1-32b　颱風吹倒的港口起重設備照片

(2) 經濟性：這是結構設計中要考慮的第二要務，設計者可以輕易地放大構件尺度或增加材料用量以達到安全的目標，然而過度設計也將產生資源浪費的情形。公共工程的預算來源是民脂民膏，而私部門大部分講求的是利潤最大化，反過來說就是成本最小化。因此，設計者須在結構安全與經濟實惠之間取得一平衡點，才不會顧此失彼。

(3) 適用性：結構物的設計除了安全性及經濟性之外，尚需考慮使用者的感受，如大梁的過大垂直變位會影響傢俱的擺設及產生地板積水等缺失，而地震時太大的水平晃動也會讓住戶產生心理上的驚恐。

(4) 美觀性：由於鋼料在各種結構中被廣泛應用，使得結構造型變化更具多樣性，設計者用睿智將原本冰冷的鋼鐵構件編組成令人驚艷的藝術品，就是將力與美的結合發揮到淋漓盡緻；不只

是建築物，連橋樑結構的美觀性也日益受到重視，許多「鋼結構」的出現就成為當地著名的地標，圖 1-33a（法國巴黎的艾菲爾鐵塔）及 1-33b（比利時布魯塞爾的原子球塔）為作者留學比利時魯汶大學期間為「營建世界」期刊撰文介紹的鋼結構。

圖 1-33a　巴黎艾菲爾鐵塔夜景照片　圖 1-33b　布魯塞爾原子球塔夜景照片

1.4 鋼結構之基本規範及設計方法

一、結構自身的抵抗力

結構係由一個或二個以上的固體構件組構而成，能承受及傳遞荷重或作用力，且在加載或卸載過程中不致發生明顯的變形。因此，結構體本身就有抵抗作用力及變形的能力。依材料力學的觀念，構件材料抵抗作用力的能力稱為強度，抵抗變形的能力稱為勁度，前者與結構的安全性有關，而後者與適用性有關。

結構構件所採用的材料就是影響結構物抵抗能力的主要因素，例如木

造、鋼筋混凝土造、鋼造或鋼骨鋼筋混凝土造，其抵抗作用力的能力即有天壤之別。其次在估算結構材料強度時，也會因採用的設計方法不同而有所差異。例如構件的材料與尺寸均相同，但採用極限設計法或是容許應力法進行結構分析時，所得到的構件強度並不相同。

目前結構物抵抗作用力能力的評估標準程序，即是依照政府或民間專業團體所研究制訂的相關設計規範內容來辦理，例如鋼柱的設計可依《鋼構造建築物鋼結構設計技術規範》中（一）鋼結構容許應力設計法規範及解說之第八章受軸力與彎矩共同作用之構材，或（二）鋼結構極限設計法規範及解說之第八章構材承受組合力及扭矩相關內容進行分析計算。

依《建築技術規則》構造篇第五章之規定，鋼構造之組成型式分為三種：

1. 剛構（連續構架，端部束制），假設梁與梁、梁與柱均固接，並維持交角不變。
2. 簡構（端部無束制），假設梁構件承受垂直載重後梁端無彎矩作用，僅承受剪力且可轉動。
3. 半剛構（端部局部束制），假設梁與柱之接合能承受部分彎矩，其剛性介於剛構與簡構之間。

二、結構設計的最高原則：載重作用＜結構強度

如果以 Q 代表外部載重產生的作用力，R 代表材料、構件或結構系統抵抗作用力的強度，則不論採用哪一種設計方法，必須要符合下列原則才能滿足結構的安全性：

$$載重作用力 Q < 結構強度值 R$$

此處所說的載重作用力 Q 泛指結構體所承受的所有作用力，包括：直接承受的外力作用、溫度變化及支承沉陷導致結構體所承受的作用力，故 Q 有可能是外力、構件斷面內力或斷面上某處應力中的任一種形式。

而結構強度值 R 也是一種廣義的形式，它可以是外力、內力或應力的任一種形式。例如鋼筋的降伏強度 2800kgf/cm^2 即是一種用應力表示的強度，在結構設計中常見的梁的標稱彎矩強度 M_n 或柱的標稱軸向壓力 P_n，則是以構件斷面內力表示的強度。

三、鋼結構之設計規範

　　「規範」的廣義意思是對某種群體或行業具有約束力及需共同遵守的規條和事物準則，而工程規範可分爲設計規範及施工規範兩種。不論是設計規範或施工規範，都是由該領域的專家學者共同研商及進行相關試驗後訂定，若再經政府機關以法律或行政命令方式公告實施者，則更具公信力及強制力。制定工程規範的目的在於讓工程師們在設計時有參考及遵循的憑據，也降低工程設計及施工的風險。但吾人也必須認清一個事實，規範不可能涵蓋所有設計的細節與組合形式，而且規範只規定「最低標準」，一流的工程師不能僅以符合規範要求而自滿，反要不斷提升專業素養、累積工程實務經驗、精進各種工程知識及技術，以增進工程設計品質。

　　目前各國鋼結構設計規範的內容不盡相同，以下將分別說明美國、臺灣及中國大陸的設計規範：

1. 美國鋼結構設計規範：係以 2005 年爲重要的分水嶺，在此之前美國鋼結構設計規範以《AISC/ASD》、《AISC/LRFD》兩套規範雙軌分用；在此之後則由美國鋼結構協會（AISC）將兩套規範合而爲一，同時小幅修訂 LRFD、大幅修訂 ASD 之內容，制定出《ANSI/AISC 360-05》。

 ⑴ ASD（Allowable Stress Design）：即容許應力設計法，AISC 於1923 年制訂第一本容許應力法之鋼結構設計規範，並且延用30 多年之久，其間亦經過多次修訂，基本格式及架構內容直到 1961 年以後才固定下來，到了 1989 年推出最後一版（第 9

版）的 ASD 設計規範，2001 年又對部分內容提出增補修正 1 版
（Supplement No.1），之後即無任何新版。

⑵ LRFD（Load Resistance Factor Design），即極限設計法，1986
年 AISC 首次推出第 1 版的極限設計規範，1993 年做了第 1 次
改版，1999 年發布第 3 版。由於當時的部分工程師長期習慣
於 ASD 的作業模式，因而對 LRFD 產生抵制現象，或者對於
LRFD 不夠熟悉，使得 ASD 仍廣爲使用，導致將近有 20 年的
時間 LRFD 無法完全取代 ASD。爲此，AISC 充分考慮到工程
界的實務狀態及現實需求，乃著手制訂新 1 版的鋼結構設計規
範，同時收納 ASD 及 LRFD 兩種設計理念的方法，並於 2005
年正式推出，目前所用的版本則是 2010 年版的《ANSI/AISC
360-10》。

2. 臺灣鋼結構設計規範：或許是因爲臺灣的學術界及工程界精英群，
有較大比例的人是留學美國的，基本上臺灣的鋼結構設計規範是以
美國的規範爲藍本加以制訂，部分細節再依臺灣本地的實際狀況加
以修正，使能符合本土性的需求。近年來，國內有參考其他先進國
家的作法，有關鋼結構設計施工規範之草案，委由民間的中華民國
鋼結構協會編制。目前臺灣鋼結構設計規範仍存著兩種設計方法，
即容許應力法和極限設計法。

⑴ 容許應力法（ASD）：又稱工作應力法（Work Stress
Method），這是過去 100 年來鋼結構設計之主要理論依據，最
主要的論點是假設在服務載重（service loads）作用之下，鋼材
之應力仍然保持在彈性限度之內，因此結構物所需要的安全係
數則直接反應在材料的容許應力上，例如：

$$F_b = \frac{F_y}{F.S.} \tag{1-1}$$

式中：F_b 為鋼材的彎曲容許應力

F_y 為鋼材的降伏強度

F.S. 為規範規定的安全係數

$$f_b \leq F_b \tag{1-2}$$

式中：f_b 為鋼材所承受的彎曲應力

式（1-2）說明容許應力法的基本設計理念：

載重作用應力 ＜ 容許應力

(2) 極限設計法（LRFD）：又稱載重與阻抗因子設計法，此種設計法同時考慮載重及強度的不確定性，以一階二次矩可靠性方法來探討安全性的問題。其規範則包含了強度（strength）及適用性（serviceability）二種限度；前者同時考量材料強度及載重的不同特性，各給予不同的修正因子，而後者一般指變位、永久變形、裂縫及振動等之考量。其表示公式如下：

$$\phi R_n \geq \Sigma r_i Q_i \tag{1-3}$$

式中等號左邊為設計強度，右邊為因子化載重或稱放大載重，其中

ϕ 為強度折減因子

R_n 為標稱強度

r_i 為載重因子

Q_i 為標稱載重

3. 中國鋼結構設計規範：目前中國使用的鋼結構設計規範為「中國鋼結構設計規範」，其基本理念相當於美國和臺灣的極限設計法，所採用的荷載及組合值表示式為：

$$\gamma_0 S \leq R \tag{1-4}$$

式中 γ_0 為結構重要性係數，結構的重要性影響設計基準年限（基

本上 50 年），若有可替換性的構件設計年限低於 50 年，即可依結構重要性係數予以折減。S 為荷載效應組合設計值，類似臺灣規範的載重組合值，但計算方式比臺灣的複雜。R 為結構構件抗力的設計值，相當於臺灣規範的設計強度。荷載及組合值係依《建築結構荷載規範 GB50009-2012》之規定，設計強度則依《鋼結構設計規範 GB50017-2003》之規定，另在地震區的結構物及建築物尚需符合《建築抗震設計規範 GB50011-2010》、《中國地震動參數區劃圖 GB18306-2015》及《構築物抗震設計規範 GB50191-93》相關規定。

四、鋼結構之設計方法

過去數十年曾經出現過鋼結構設計的主要方法有：容許應力法、極限設計法、塑性設計法等，其中塑性設計法因需針對鋼結構受力後所產生的破壞機制進行設計，故需進行非線性的塑性分析，而結構系統的非線性分析也可能因載重增量及施加順序之不同而產生不同結果，加上其他主客觀因素影響，在極限設計法理論發展成熟後，塑性設計法已完全被取代。

本節針對容許應力法、極限設計法及兩者合一的設計理念和相關規定做一概念性的說明：

1. 容許應力法（ASD）

由於鋼結構所受的載重作用值與結構強度值都有不可預估的不確定性，前者包括：(1) 風向與地震來襲方向、作用力大小難以精確掌握，(2) 設計用途與實際用途不同，(3) 臺灣及中國普遍發生的車輛超載，(4) 力學分析方法的近似假設；後者包括：(1) 材料生產製造時的誤差，(2) 構件組裝時的誤差，(3) 不易估算的殘餘應力及應力集中現象，(4) 偷工減料和專業施工技術不足造成品質的降低。

　　為了消除載重和強度的不確定性，最簡單的方法就是使用安全因子（safety factor）來折減理論強度值，其表示式如下：

$$容許強度值\ R_a = \frac{理論強度值}{安全因子} = \frac{R}{F.S.} \tag{1-5}$$

　　理論強度值視構件的受力及材料特性而定，可以是材料的極限應力或降伏應力，在規範中稱之為標稱強度（nominal strength）R_n，其與設計方法無關，但與所使用的材料與受力型式有關。而安全因子則是一個比 1 大的數值，不確定性愈大，安全因子就愈大，理論強度值就被折減愈多；安全因子通常與材料破壞特性、構件在結構系統中的重要程度、構件破壞後修復的難易度和可能花費有關，一般介於 1.5～3.0 之間，ASD 規範對不同構件受力狀態和破壞模式的安全因子規定如表 1-1。ASD 中的容許強度值通常都小於降伏強度，也就是構件材料行為仍在彈性範圍內，因此，ASD 可說是一種彈性設計法。

　　容許強度值與載重作用值須滿足下列原則：

$$容許強度值\ R_a \geq 載重作用值總和\ \Sigma Q_i \tag{1-6}$$

$$\frac{標稱強度值\ R_n}{安全因子\ F.S.} \geq 載重作用值總和\ \Sigma Q_i \tag{1-7}$$

表 1-1　容許應力法安全因子一覽表

構件受力狀態	構件破壞模式	安全因子 F.S.
拉力構件	全斷面降伏破壞	1.67
	淨斷面撕裂破壞	2.0
壓力構件	非彈性挫屈破壞	1.67～1.92
	彈性挫屈破壞	1.92
彎曲梁構件	極限彎矩產生塑性鉸破壞	1.67
	彈性或非彈性側向扭轉挫屈破壞	1.67
受剪梁構件	剪切破壞	1.5
螺栓及焊接接合	脆性剪切破壞	2.5～3.0

臺灣 ASD 規範考慮各種受力狀態下的載重組合如下：

⑴ D

⑵ D＋L

⑶ D＋0.75 (L±1.25W)

⑷ D＋0.75 (L±0.87E)

⑸ 0.7D ± 1.25W

⑹ 0.7D ± 0.87E

其中 D 為靜載重、L 為活載重、W 為風載重、E 為地震力載重，由建築技術規則或其他規範決定，一般情形下風力與地震力無需同時考慮。

2. 極限設計法（LRFD）

基本上假設作用在結構上的載重作用 Q 與材料強度 R 都是呈常態分佈，傳統設計觀念中都只考慮平均值 Q_m 和 R_m，只要 $Q_m < R_m$ 就代表強度大於載重作用，就不會產生破壞。在極限設計法中則採用可靠度指標（reliability index）的概念，當 R/Q 小於 1 時就代表強度小於載重作用，亦即發生破壞。若以 R/Q 的自然對數（即 ln(R/Q)）為橫座標，發生頻率為縱座標（如圖 1-34），則當 ln(R/Q) 小於零時代表發生破壞；破壞線（即 ln(R/Q) = 0 處）與 ln(R/Q) 平均值的標準差乘上一個倍數 β，此 β 值就是可靠度指標，β 值愈大就表示 ln(R/Q) 的平均值距離可能的破壞線愈遠，斜線範圍愈小，結構愈不容易破壞。臺灣的極限設計法規範規定，只承受垂直載重作用構件的 β 值取為 3.0，構件承受垂直載重及風力共同作用（即 D＋L＋W）的 β 值取為 2.5，而構件承受垂直載重及地震力共同作用（即 D＋L＋E）的 β 值取為 1.75。

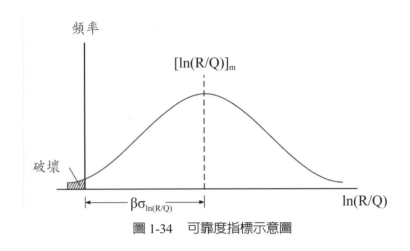

圖 1-34　可靠度指標示意圖

　　極限狀態就是一種臨界狀態，當結構系統或其構件一旦達到臨界狀態，就會失去功能性，無法滿足設計的需求。一般結構的極限狀態主要分為強度極限狀態和使用性極限狀態。前者就是講安全性的極限狀態，係指結構構件或整體受外力作用或其他原因產生破壞，此時人們的生命財產安全將受到危害；後者指的是變形、撓度及振動太大，只會影響使用者的舒適性，不會有立即的破壞。另外尚有疲勞和斷裂極限狀態，以及其他特殊情形之極限狀態。

　　容許應力法主要是以安全因子來承擔所有的不確定性，而極限設計法則是以強度折減因子（$\phi \leq 1.0$）反應材料強度的變異性，以載重因子（r_i）反應載重作用的不確定性。如公式（1-3），極限設計法須滿足下列原則：

設計強度值 $\geq \Sigma$（設計載重作用值）　　　　　　　　　　（1-8）

（強度折減因子 ϕ）（標稱強度 R_n）$\geq \Sigma$（載重因子 r_i）（載重作用值 Q_i）

　　　　　　　　　　　　　　　　　　　　　　　　　　　　（1-9）

　　其中 Q_i 是指在載重作用下，構件經分析得到的斷面內力或斷面某處的應力值，r_i 則是指與 Q_i 對應的載重因子。LRFD 規範對不同構件受力狀態和極限狀態的折減因子規定如表 1-2。

表 1-2 極限設計法折減因子一覽表

構件受力狀態	構件破壞模式	強度折減因子 ϕ
拉力構件	全斷面降伏破壞	0.9
	淨斷面拉力或剪力斷裂破壞	0.75
壓力構件	非彈性或彈性挫屈破壞	0.85
彎曲構件	極限彎矩產生塑性鉸破壞 彈性或非彈性側向扭轉挫屈、剪切破壞	0.9
組合梁	——	0.85
螺栓接合	螺栓拉斷及鋼板承壓破壞	0.75
	摩阻型螺栓剪斷	1.0 或 0.85
	承壓型螺栓剪斷	0.75
焊接接合	依焊接方式不同	0.75～0.9
腹板或翼板承受集中作用力	翼板局部彎曲破壞	0.9
	腹板局部降伏破壞	1.0
	腹板壓摺破壞	0.75
	腹板側移挫屈破壞	0.85
	腹板承壓挫屈破壞	0.9

臺灣 LRFD 規範規定鋼結構在各種受力狀態下的載重組合如下：

⑴ 1.4D

⑵ 1.2D + 1.6L

⑶ 1.2D + 0.5L ± 1.6W

⑷ 1.2D + 0.5L ± E

⑸ 0.9D ± 1.6W

⑹ 0.9D ± E

其中 D 為靜載重、L 為活載重、W 為風載重、E 為地震力載重，由

建築技術規則或其他規範決定，一般情形下風力與地震力無需同時考慮，而活載重的變異性較靜載重大，故係數取較大值。

3. LRFD 與 ASD 的比較和整合

相對於 ASD，LRFD 並無特別顯著的大優點，但有一些勝過 ASD 的小優點，如 (1) 設計方法上的合理性，即針對強度與載重作用的不確定性，分別訂定強度折減因子和載重因子予以校正，(2) 尺度設計上的經濟性，由於結構的活載重要比靜載重小許多，構件尺寸小重量就比較輕，亦即 L/D 愈小，採用 LRFD 設計的鋼結構就比 ASD 設計的經濟：但 L/D 愈大，採用 ASD 設計的鋼結構就比 LRFD 設計的經濟，其平衡點就在 L/D = 3。另因 ASD 幾乎只用到材料的線彈性部分，因此在這一點上 ASD 較無使用性的問題。

原本 ASD 及 LRFD 就是不相交的二種設計理念，一種是用安全因子（F.S. 以 Ω 表示），另一種是用強度折減因子 ϕ 和載重因子，但在 2005 年時美國 AISC 卻制訂了鋼結構新的設計規範，將 ASD 及 LRFD 的設計理念作一整合。其基本構想如下：

ASD 的設計式子可表示為

$$\frac{R_n}{\Omega} \geq D + L \qquad (1\text{-}10)$$

LRFD 的設計式子可表示為

$$\phi R_n \geq 1.2D + 1.6L \qquad (1\text{-}11)$$

現假設載重作用力洽等於構件強度，以上兩式就變成

$$R_n \geq \Omega(D + L) \text{ 及 } R_n \geq \frac{(1.2D + 1.6L)}{\phi} \qquad (1\text{-}12)$$

當 L/D = 3 時，二種設計方法所需的斷面相等，表示二者經濟性相同。換句話說，當 L/D = 3 時二種設計基準洽好相同，現將 L/D = 3 代入上式，

$$\Omega(D + 3D) = R_n = \frac{(1.2D + 1.6 \times 3D)}{\text{ø}} \text{，得到}$$

$$\Omega = \frac{1.5}{\text{ø}} \qquad\qquad （1\text{-}13）$$

（1-13）代表著美國 AISC2005 新規範的核心觀念，由該式子吾人即可將 ASD 的安全因子 Ω 與 LRFD 的強度折減因子 ϕ 直接做代換，例如 ϕ = 0.9，Ω = 1.5/0.9 = 1.67；ϕ = 0.75，Ω = 1.5/0.75 = 2.0。

第二章　鋼材之性質及力學行為

2.1 鋼材之化學成分及產製

「鋼鐵」是一般人常用的一種建築材料名稱，也是常與「鋼」、「鐵」混用的名詞，2008 年 5 月 2 日於全美上映、由小勞勃‧道尼（Robert Downey Jr.）主演的《鋼鐵人》（Iron Man）在全球票房大賣（含其續集）之後，人們可能更搞不清楚「鋼鐵」到底是「鋼」還是「鐵」了？世人可以如此，但身為土木營建工程專業的從業人員可不能如此隨波逐流，在學習本科目之後應能建立正確的觀念，甚至在日常生活中扮演「撥亂反正」的角色。

其實鋼（steel）與鐵（iron）都是一種合金，最主要的區別乃在於它們的「含碳量」不同，這會影響它們的延展性、焊接性、強度大小和熔點高低。它們的主要成分是鐵元素（約占 98% 以上），加上不同比例的錳、鉻、鎢、銅、鉬、釩、鈮、鈷等金屬元素，以及碳、矽、硫、磷等非金屬元素所組成。而鐵元素（Fe）是地球上貯存量最豐富的金屬元素，約占地殼元素總量之 5.5%，約占金屬總產量的 99.5%。

由圖 2-1 可知，純鐵（pure iron）又稱熟鐵，是指鐵中含碳量低於 0.0218% 的鐵碳合金，強度低、用處不大；鑄鐵（cast iron）又稱生鐵，是指含碳量大於 2%（有一說是 1.7%）的鐵碳合金，性脆無法進行煅造、軋製或壓製，大部分用作煉鋼原料，一部分作為鑄造鐵器。鋼則是指含碳量在純鐵與生鐵之間的鐵碳合金，其性質既堅硬又具韌性。鋼與鐵的另一不同點是它們的單位重不同，鋼的單位重約 7.85tf/m³，鐵的單位重約為 7.25tf/m³。

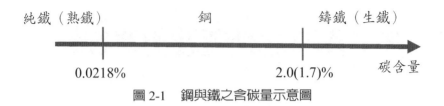

圖 2-1　鋼與鐵之含碳量示意圖

　　自然界中所存在的自然鐵非常少，甚至比天上掉下的隕石（又稱隕鐵，鐵成分高達 90% 以上）量還少，一般以氧化之赤鐵礦或磁鐵礦形式存在礦石中，我們華人的祖先早在 4 萬年前就已把赤鐵礦從自然界中辨認出來，北京周口店的山頂洞人已經知道將赤鐵礦應用在顏料和裝飾品上了。人類文明的進程中，除石器時代及青銅器時代外，距今約五千多年的鐵器時代一直延續至今，借助於各種知識、技術及科學的長足進步，成就了今日冶金技藝的突飛猛進，煉鋼技術更是不可同日而語。

　　根據《尚書》禹貢篇的記載，中國人在夏禹時代（約西元前 2000 年～1560 年）已經開始使用鐵製的農具。古代煉鐵所用的鼓風爐效果不佳，直到周代（西元前 1066～771 年）風箱（橐）發明後才有明顯地改善。我國的「天工開物」有多處提及有關古代煉鐵的記事，如第十四卷五金篇鐵節：「凡鐵分生熟，出爐未炒則生，即炒則熟；生熟相和，煉成則鋼」及第十卷錘鍛篇鋤鎛節：「凡治地生物用鋤鎛之屬，熟鐵鍛成，鎔化生鐵淋口，入水淬健即成剛勁」。從古代出土實物可知，春秋戰國時代的製鋼技術已有鑄鐵脫碳和滲碳製鋼二種方法，前者是將生鐵的鑄件經脫碳退火，通過適當的時間及溫度控制，使生鐵中多餘的碳被氧化成氣體脫出成鋼；後者則是將熟鐵加熱滲碳處理得鋼的技術。百煉鋼是我國古代品質最好的鋼材，其冶煉方式是把熟鐵反覆加熱鍛打，在加熱過程中使碳逐漸滲入鐵中，並以鍛打方式減少其中的雜質，使鋼的成分均勻、組織緻密。1976年湖南長沙出土一把春秋末期的鋼劍，其含碳量為 0.5～0.6%，屬中碳鋼。

　　工業革命之後煉鐵技術更有相當大的進展，如法國及瑞典出現了以木

碳為燃料的吹氣煉鋼技術（稱為直吹爐 -converter），英國人發明的攪煉法（puddling process），此為歐洲第一個工業化的煉鋼製程，直接把生鐵產煉成鋼或熟鐵。十八世紀末至二十世紀的七〇年代，英國人發明的平爐法（open hearth process）煉鋼技術扮演了吃重的角色。1831 年發電機發明後，促進了電爐法煉鋼技術的誕生，由於爐溫提高、鎔化迅速、無雜質及能熔化熔點較高的其他金屬產製合金等優點，孕育成就了現代的煉鋼技術。

　　鋼材的產製分為三個過程：煉鐵、煉鋼及軋鋼，首先在高溫下藉焦碳和助溶劑（如 $CaCO_3$ 及 $MgCO_3$）將鐵礦石中的氧化鐵還原，產出溫度極高的液態鐵水，將鐵水冷卻硬化後即為生鐵，此時之生鐵通常會含 3.5% 以上的碳，以及其他的元素（矽、錳、硫、磷等），材質過於硬脆，不適合軋製成需具有韌性的結構用鋼板或型鋼；因此，需要將液態的鐵水倒入下階段之轉爐中，進行煉鋼作業，即利用氧氣或鐵礦石中的氧元素，將生鐵中多餘的碳及其他不純物質予以燃燒或氧化，以減少這些元素的含量；而煉鋼後的鋼液流經扁鋼胚連鑄機製成鋼胚，之後再進行軋鋼作業，亦即將鋼胚再行加熱至 1000～1200℃，留滯一段時間讓鋼胚內部的雜質擴散，藉以改善偏折現象也使材質均勻，並使鋼胚軟化，以利後續萬能粗軋機和精軋機之軋制成形作業。依上述過程所產製的鋼材稱為熱軋鋼品，而冷軋型鋼則係將熱軋薄鋼板於常溫下，經冷彎、碾軋與模壓加工而成的各種斷面和形狀。

　　市面上可見的結構工程用鋼材可分為：

1. 碳鋼

　　⑴ 低碳鋼：即含碳量少於 0.15%。

　　⑵ 軟碳鋼：含碳量介於 0.15% 至 0.30% 之間者，含碳量愈高、降伏強度愈高，但延展性愈差，結構用鋼多屬此類。

　　⑶ 中碳鋼：含碳量介於 0.30% 至 0.60% 之間。

⑷ 高碳鋼：含碳量在 0.60% 至 2.0% 之間。

2. 高強度低合金鋼：係在碳鋼中加入銅、鋁、鈷、鉻、錳、鈮、鎳、鎢、釩、鈦、矽、磷等元素煉製而成，其降伏強度（常以 F_y 表示）約在 2800kgf/cm^2 至 4900kgf/cm^2，且具有明顯之降伏點，且耐腐蝕性較佳。

3. 熱處理低合金鋼：係經由淬火（quenching）及回火（tempering）熱處理之鋼材，其降伏強度可提高為 5600kgf/cm^2 至 7700kgf/cm^2 之間，但無明顯的降伏點，需以 0.2% 之偏距去或 0.5% 之伸長法定出其降伏強度，故 AISC 明定此類鋼料不適用於塑性設計。所謂淬火係將鋼料由 885～913℃以水急冷方式降至 150～205℃，此舉可增加強度並使鋼材變硬，但卻會降低延展性及韌性；回火則再將鋼料加熱至 590℃後冷卻之，如此可補救淬火所產生之缺點。

2.2 鋼材之力學特性及強度

一、鋼材之力學特性

結構工程所用鋼材受拉作用的應力—應變曲線如圖 2-2 所示，這是在材料試驗中最重要的力學性質，當材料承受外力作用產生應力（stress）時，材料的受力體會產生應變（strain），應變會隨應力的增加而增加，反之則隨應力的減少而減少。在比例限度以下的應力—應變關係呈直線關係，大多數降伏強度小於 4500kgf/cm^2 之結構用鋼，其降伏點與比例限度點重合；而熱處理低合金鋼不具明顯的降伏點，降伏強度小於 5600kgf/cm^2 之鋼材可以下列方法求得降伏點：(1) 偏距法（offset method）—以應變值 2‰為起點平行直線段往上與曲線相交點為其降伏強度，(2) 伸長法（extension method）—以應變值 5‰為起點取垂直線往上與曲線相交點為其降伏強度。

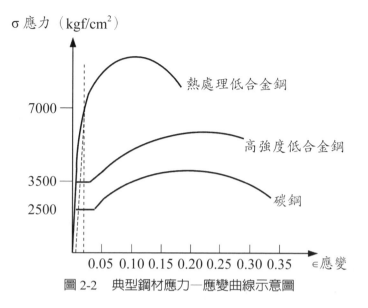

圖 2-2　典型鋼材應力―應變曲線示意圖

　　延性材料（ductile material）係指材料破壞前能夠承受很大的應變（如鋼和鋁），而脆性材料（brittle material）則指材料破壞前只會產生些許的應變或完全無應變者（如混凝土、粉筆及玻璃），鋼材的脆性破壞毫無預警，其斷裂速度可達 1800 m/sec。造成鋼料變脆的原因可分為：(1) 溫度因素：溫度降低將使鋼材的延展性減少，增加脆性破壞之機會；(2) 應力因素：如應力集中、反覆動力載重、型鋼斷面中較薄之鋼片、焊接形成的熱效應區都將提高鋼材脆化之風險。

　　如圖 2-3 所示，材料的應力與應變維持直線關係的臨界點（A 點）即為比例限度（proportional limit），在此比例限度以內，材料仍屬彈性範圍，超過此一界限，材料就屬非線性，材料即產生永久變形（permanent deformation）；這段直線關係的斜率稱為彈性模數（modulus of elasticity）或楊氏模數（Young's modulus），鋼材的彈性模數 E = $2.04 \times 10^{6} \text{kgf/cm}^2$（英制 29×10^{6}psi），彈性模數可以作為材料軟硬的指標，其值愈大受力後愈不容易變形，反之則愈容易變形。另鋼材的剪力彈性模數 G（shear modulus of elasticity），又稱剛性模數（modulus of rigidity），在彈性範圍內 $G = \dfrac{E}{2(1+\mu)}$，其中 μ 為材料的柏松比，規範規定鋼材的柏松比為 0.3，剪力彈性模數為 $8.1 \times 10^5 kgf/cm^2$，溫度伸縮係數為 $1.2 \times 10^{-5}/^\circ C$。

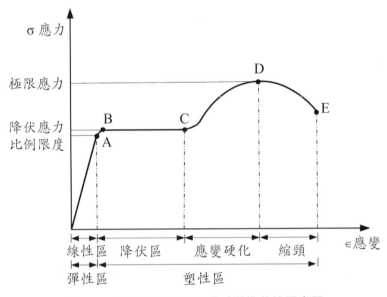

圖 2-3　典型中低鋼碳之彈／塑性曲線示意圖

　　延性材料的應力與應變曲線中，在降伏點（B 點）之後，應力並未明顯增加，仍產生非常明顯的應變平坦區（B 點至 C 點）；應力與應變曲線的最高點（D 點）稱為極限應力（ultimate stress），材料斷裂時（E 點）所對應的應力即為破裂應力（fracture stress）。然而材料在進行晶元重新排列後，又能額外承受新增應力的現象，稱為應變硬化。在耐震設計中對鋼材要求的韌性（toughness）係由二部分所組成：(1) 復原性（resilience）或恢復性（recovery），係指材料達到降伏之前單位體積所能吸收的能量，此部分所占比例甚小；(2) 延展性（ductility），係指材料進入塑性

後，在破壞之前單位體積所能吸收的能量，此部分所占比例甚大，故以延展性來代表鋼材韌性的好壞。

二、鋼材之疲勞強度（fatigue strength）

材料的疲勞係指以低於降伏強度之外力，週期性反覆的作用在材料桿件或塊體上，經過若干次（通常是百萬次以上）之後使材料斷裂的現象，如船隻在海上承受湧浪上下時對船殼產生反覆作用力，或飛機的機身殼體在空中飛行期間因氣流作用產生反覆作用，又如人們的自身經驗，在無鉗子的情形要剪斷鐵絲，就是將鐵絲來回反覆彎折。這種現象就是因為材料在反覆週期性的作用下，材料塊體內部產生會持續擴展的微小裂紋，這些持續擴展的微小裂紋會產生應力集中的情形，當應力集中的數值超過材料的強度時，即刻產生斷裂現象。

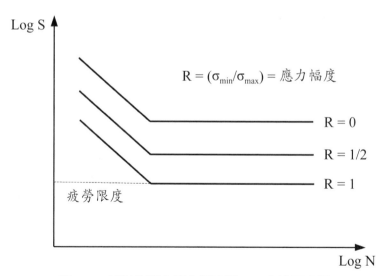

圖 2-4　材料典型之應力幅度與 S-N 曲線示意圖

圖 2-4 係吾人以破壞時所對應之載重週期為橫座標、以疲勞破壞時之

應力大小為縱座標,所繪製的 S-N 曲線圖;不同的材料有其個別之 S-N
對應曲線,但都有相同的特徵,那就是反覆載動的週期數愈大,其所對應
的疲勞破壞應力愈小,亦即用較小的力量要使材料塊體產生疲勞破壞,所
作用的反覆週期數就愈大。然而,當反覆週期數或循環次數超過某一數值
時,疲勞破壞強度將趨於定值,不再隨作用週期數的增加而減少,此一定
值稱之為疲勞限度(fatigue limit)。

當反覆載重的最大應力小於疲勞限度時,材料塊體就不會發生疲勞破
壞,設計作業中也不需要考慮材料疲勞問題。因此吾人可以將疲勞限度定
義為使材料產生疲勞破壞所需施加之最小反覆載重應力值。一般而言,金
屬材料的疲勞限度約為該材料極限強度之 0.35～0.6 倍,對於結構用之中
低碳鋼,其疲勞限度約為極限強度的 50%,而其疲勞限度所對應的載重
週期次數約為 10^7 次。

三、鋼材之殘餘應力(residual stress)

殘餘應力係指材料的塊體在未承受作用力的情形下,存在於塊體內可
自相平衡的應力,其形成的主要原因為:(1) 塑性加工作為,如冷彎與預
拱、型鋼校正、冷切割與鑽孔等;(2) 溫度的不均勻冷卻,如自然冷卻的
熱軋鋼板、自然冷卻的熱軋型鋼、由火焰切割的鋼板、由熱軋鋼板焊接而
成的型鋼、由火焰切割鋼板焊接而成的型鋼等(如圖 2-5)。

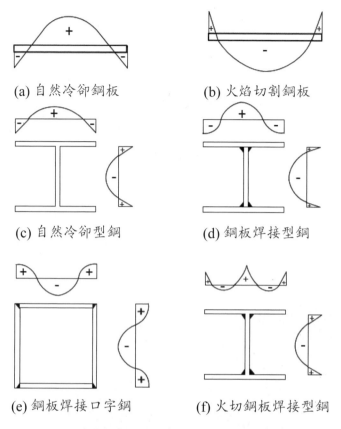

(a) 自然冷卻鋼板　　　　(b) 火焰切割鋼板

(c) 自然冷卻型鋼　　　　(d) 鋼板焊接型鋼

(e) 鋼板焊接口字鋼　　　(f) 火切鋼板焊接型鋼

圖 2-5　各種斷面冷卻不均勻殘餘應力示意圖

2.3 鋼材之防火措施及腐蝕防治

一、鋼材之防火措施

　　建築結構遭遇火災事件時有所聞，鋼筋混凝土在高溫下鋼筋之握裹應力及混凝土之抗壓強度也會降低，根據研究鋼筋混凝土界面受 220℃之火害時，鋼筋最大局部握裹應力降為常溫之 75～85%；當火害溫度達到 530℃時，鋼筋最大局部握裹應力降為常溫之 25～35%；而混凝土受

200℃之火害時，殘餘抗壓強度降為未受火害時之 82%，當火害溫度達到 600℃時，混凝土殘餘抗壓強度降為未受火害時之 24%。

結構用鋼的最大弱點也是不耐高溫，當溫度高達 300℃時，鋼材的強度就會大幅降低，500℃時鋼材強度會降至常溫時的 60～70%，600℃則降至常溫時的 40～50%，當溫度達到 800℃時鋼材就會呈現軟化破壞現象。2001 年 9 月 11 日發生在美國紐約市的世貿中心遭到恐怖分子以飛機撞擊而倒塌之事件，就是鋼結構高層大樓在高溫下造成破壞全毀的最佳案例（如圖 2-6 所示）。世貿中心二棟大樓係因高層位置遭撞擊爆炸起火後，飛機的燃油持續助長燃燒的火勢，造成以簡支型式為主的樓層梁構件在高溫作用下，鋼材強度急速銳減而逐層崩塌。

圖 2-6　紐約世貿大樓遭恐怖攻擊事件照片（摘自網路）

為使鋼材達到防火的目標，可採用下列措施：

1. 增加防火披覆：乃是在鋼構件的表面施加一層隔熱效果良好的保護層，如混凝土、石棉板、石棉砂漿、磚及噴塗防火材料（如圖 2-7

所示）等，讓其阻隔外界之高溫，亦降低熱源之傳導速率，使構件在有效的防火時間內破壞強度不致降至規範容許值 0.6Fᵧ 以下或有軟化之情形。

圖 2-7a　鋼梁防火披覆照片　　　　圖 2-7b　鋼柱防火披覆照片

2. 提高防火時效：臺灣《建築技術規則》第 70 條對於建築物的防火時效規定如表 2-1 所示，即建築物最上面四層的梁柱構件及樓地板需有 1 小時以上的防火時效，由頂層起算 5～14 層需有 2 小時的防火時效，從頂層起算 15 層以下則需有 3 小時以上的防火時效。即使發生火災，也儘量確保鋼材的溫度在 350℃，此時鋼材的降伏強度尚能維持常溫時的 2/3 以上，目前設計規範要求在工作載重下最大容許應力為降伏強度的 2/3 倍（0.66Fᵧ）。

3. 使用耐火鋼材：1976 年法國有煉鋼廠已有可耐 900℃ 至 1000℃ 之耐火鋼，由於價格昂貴，尚未大量使用在鋼結構中。而日本已有可耐 600℃ 之耐火鋼，這種耐火鋼在 600℃ 時其降伏強度尚能維持常溫時之 2/3 以上，但根據火場標準溫昇曲線可知，在一小時以上火場溫度即能達到 1000，而我們的梁柱構件部分防火時效只有一小時。因此，即使是耐火鋼也難以完全免除防火披覆之要求，又因防

火披覆的價格不便宜，故僅能降低防火披覆的使用量。

表 2-1　建築技術規則防火時效規定一覽表

主要桿件	自頂層起算不超過 4 層之各樓層	自頂層起算超過第 4 層至第 14 層之各樓層	自頂層起算超過第 15 層之各樓層
承重牆壁	一小時	一小時	二小時
梁	一小時	二小時	三小時
柱	一小時	二小時	三小時
樓地板	一小時	二小時	二小時
屋頂	半小時		

二、鋼材之腐蝕防治

臺灣位處亞熱帶海島型氣候地區，除了溫度高、濕度高之外，環海的大氣中含鹽量極高，高度工業化亦造成空氣污染的環境，致使大氣中充滿腐蝕因子。臺灣西部的大氣腐蝕環境則以大甲溪為界，以北地區屬腐蝕性高的 C4 級、以南地區屬腐蝕性中等的 C3 級、沿海地區則為腐蝕性極高的 C5 級。因此，臺灣的結構物常因嚴重的腐蝕而縮短使用年限。依美國鋼結構塗裝協會（SSPC）之標準，未經過表面處理的鋼材其表面鏽蝕程度可分為 A、B、C 及 D 四級：

A 級：表面完全覆蓋氧化層，無紅色鐵鏽或僅出現極少量的紅色鐵鏽。

B 級：表面開始鏽蝕，有部分氧化層剝落而出現紅色鐵鏽。

C 級：表面產生全面性的鏽蝕，大部分氧化層已剝落，並有少數蝕孔。

D 級：氧化層已完全剝落，表面產生許多蝕孔，呈現全面性的腐蝕狀態。

　　鋼結構防蝕處理原理係用多層塗裝方式讓鋼材與大氧隔絕，以消除表面鏽蝕的因素，並使用防蝕極塊讓金屬內部之電位降至安定範圍（如圖2-8所示）。除了採用耐候鋼之外，鋼材主要的防蝕方法有：

圖 2-8　鋼構浮體表面多層塗裝及加設防蝕極塊照片

1. 表面塗裝：最普遍的作法就是噴塗油漆，常用的防蝕塗料有環氧鋅粉、環氧樹脂漆及耐候型聚胺酯面漆，鋼材表面塗裝的防蝕效果與油漆乾膜的厚度成正比，乾膜的厚度愈厚防蝕效果愈好，因此油漆固形成分的含量或乾膜厚度即為防蝕成效的重要指標。

2. 熱浸鍍鋅：係利用鋅金屬在高溫下成為液體狀態，此時將鋼構件浸入鋅液中，讓鋅液擴散附著在鋼構件表面，此一鍍鋅層即為與空氣隔絕的保護層（如圖 2-9 所示）。鍍鋅層亦可作為油漆的底層，使鋼結構形成雙重的防蝕層。

3. 鋅鋁熔射：係以純鋅線及純鋁線匯集於熔射鎗，採電弧熔射方式噴塗於鋼材表面，由鋅金屬形成犧牲陽極藉以保護基材，而鋁金屬則形成氧化膜藉以阻隔腐蝕因子，鋅和鋁的比例分別為 85% 及 15%，並在常溫 30〜40℃ 環境下進行熔射噴塗。

圖 2-9　鋼桿件完成鍍鋅及膜厚檢測照片

2.4 鋼構件之斷面表示法

一、鋼材之規格

臺灣地區常見之鋼材規格有三大類：(1) 美國材料及試驗協會（ASTM）之規格，(2) 日本工業標準（JIS）之規格，(3) 中華民國國家標準（CNS）之規格。

（一）ASTM 常見之鋼材規格及主要用途有下列十種

1. A36：結構用碳鋼。

2. A113：火車車輛用碳鋼。

3. A131：船舶用碳鋼及高強度低合金鋼。

4. A242：高強度低合金鋼。

5. A283：一般結構用之中、低強度碳鋼。

6. A441：錳－釩型高強度低合金鋼。

7. A572：鈮－釩型高強度低合金鋼。

8. A573：改善韌性之結構用鋼。

9. A588：耐大氣腐蝕之結構用高強度低合金鋼。

10.A709：橋樑用碳鋼、高強度低合金鋼及合金鋼。

（二）JIS 常見之鋼材規格及主要用途有下列五種

1. JIS G3101 SS 系列：一般結構用碳鋼。

2. JIS G3106 SM 系列：熔接結構用鋼。

3. JIS G3114 SMA 系列：耐大氣腐蝕之熔接結構用鋼。

4. JIS G3125 SPA-H 系列：耐大氣腐蝕之高強度低合金鋼。

5. JIS G3136 SN 系列：建築構造用鋼。

（三）CNS 常見之鋼材及主要用途有五種

1. CNS2473：同日本 SS 系列，一般結構用軋鋼。

2. CNS2947：同日本 SM 系列，焊接結構用軋鋼。

3. CNS4269：同日本 SMA 系列，焊接結構用耐候性熱軋鋼。

4. CNS4620：同日本 SPA 系列，高耐候性軋鋼。

5. CNS13812：同日本 SN 系列，建築結構用軋鋼。

二、鋼材之符號及斷面表示法

《鋼構造建築物鋼結構設計技術規範》第一章規定鋼材符號依下列方式表示之：（BH）代表焊接工型鋼、（C）代表槽鋼、（L）代表角鋼、（H）代表工型鋼、（T）代表 T 型鋼、（I）代表標準 I 型鋼、（PL）代表鋼板、（PP）代表鋼管、（RH）代表熱軋工型鋼、（Z）代表 Z 型鋼、（口）代表箱型鋼、（RB）代表圓棒鋼。

在國際上鋼構件斷面表示法分為公制及英制二大類，臺灣、中國、日本、德國、英國和俄羅期等國採用公制，而美國則採用英制。公制的斷面表示法是以公釐（mm）為單位，將斷面的高度、寬度、腹板及翼板的尺寸依序寫出，如 H 型鋼的斷面為：

H（斷面高度 d）×（翼板寬度 b_f）×（腹板厚度 t_w）×（翼板厚度 t_f）

例如 H450×200×8×12（如圖 2-10a）表示鋼材之斷面高度為 450mm、翼板寬度 200mm、腹板厚度 8mm、翼板厚度 12mm。而英制的斷面為：

（斷面高度 d 英吋）×（斷面單位長度的重量 lb/ft）

例如 S12×35（如圖 2-10b）表示鋼材之斷面高度為 12in、單位長度之重量 35lb/ft。

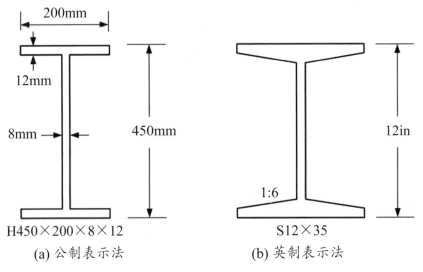

(a) 公制表示法　　　　　　(b) 英制表示法

圖 2-10　鋼材斷面公制與英制表示法案例

三、常見之鋼材種類

1. 鋼板（plate）：以 PL 表示，例如 PL1.5×20×40 表示鋼板厚度 1.5mm、寬度 20mm、長度 40mm。

2. H 型鋼（寬翼緣 I 型鋼，wide flange section）：其說明如前段公制案例（圖 2-10a），但在美國此種型鋼則以英制表示，如 W18×55 表示斷面高度 18 英吋，單位長度重量為 55lb/ft。

3. S 型鋼（標準 I 型鋼，American standard beam）：如圖 2-10b，此種型鋼之上下翼板內側呈 1：6 比例傾斜（約 16.67%），不常用於一般結構，主要用於需承受集中載重之吊車軌條。

4. T 型鋼（structural tee）：此種型鋼可由 H 型鋼直接對半切開或由鋼板焊接而成，在美國係以 WT 表示之，如 WT15×66 表示斷面高度 15 英吋、單位長度重量 66lb/ft。

5. C 型鋼（槽鋼，channel）：例如 C300×90×8×15 表示斷面高度 300mm、翼板寬度 90mm、腹板厚度 8mm、翼板厚度 15mm，若腹板厚度與翼板厚度相同時，則以三個欄位表示即可。槽鋼通常作為組合斷面之一部分，或是作為連接構件。

6. L 型鋼（角鋼，angle）：例如 L30×20×3 表示長肢長度 30mm、短肢長度 20mm、厚度 3mm，可單獨或成對當作拉力構件使用，也可以當作托架或連接構件來使用。

7. M 型鋼（雜型鋼，miscellaneous section）：無法歸類於 S 或 W 斷面者。

8. 組合型鋼（built-up section）：在既有型鋼中找不到合適的鋼材時，可由數片鋼板或雙槽鋼加鋼板或角鋼加鋼板焊接組合而成，以增加斷面慣性矩來提高抗彎能力及減少變位。

9. 輕量 C 型鋼：由板鋼冷彎而成，斷面均較小，常用於搭建雨庇或棚架。

第三章　軸向拉力構件

3.1 拉力構件之受力及變形

　　在鋼筋混凝土結構中很少有單獨承受拉力的桿件，因為混凝土主要是承受壓力，而拉力部分則是由混凝土所包裹的鋼筋來承受；但在鋼結構系統中拉力構件是使用非常廣泛的桿件，如桁架系統中的部分斜桿、垂直吊桿及下弦桿（如圖 3-1a）、鋼構架系統中的斜撐桿件（如圖 3-1b）、大跨徑結構之懸吊拉桿（如圖 3-1c）、桿件和桿件之間的連接板材（如圖 3-1d）等。

圖 3-1a　桁架橋拉力構件照片

圖 3-1b　鋼構架系統斜撐構件照片

圖 3-1c　大跨徑結構懸吊拉桿照片

圖 3-1d　桿件與桿件間連接板材照片

　　常用的拉力構件斷面如圖 3-2 所示，圓形、方形或長方形鋼棒及鋼板
因勁度較低且容易彎垂，僅用於輕型桁架屋頂之拉桿、吊桿及橋樑繫桿；
槽型鋼及角鋼常用在受力不大的中小型結構，也由於接合容易，故常用於
斜撐及桁架系統之拉力構件；H 型鋼則常用於受力較大的結構，由於構件
本身對強軸及弱軸均對稱，較容易得到無偏心的接合，但在連接上較不方
便；組合斷面則是在其他型鋼無法滿足需求時使用，但造價較其他型鋼為
高，且日後的維護保養較困難，因此在鋼材斷面產製尺寸日益增大及人工
加工費用漸增情形下，組合斷面的使用也日漸式微。

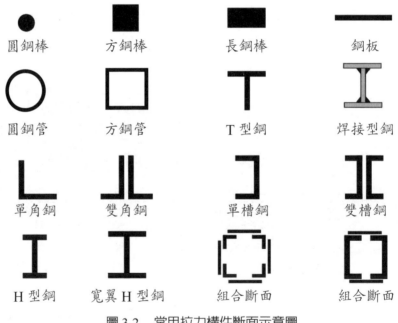

圖 3-2　常用拉力構件斷面示意圖

　　當一根桿件承受通過斷面形心的拉力時，桿件斷面上所有纖維會產生
一致的伸長量，亦即斷面上的應變會相同；也由於鋼材屬於均質性及等向
性之材料，彈性模數 E 值相同，依線彈性的虎克定律 $\sigma = E\varepsilon$，當斷面應變

相同時，斷面之應力也相同。

斷面的軸力 P＝（平均軸向應力 σ）（面積 A），因此我們可得到：

$$平均軸向應力 σ ＝ \frac{斷面軸力 P}{斷面積 A}$$

若材料符合線彈性行爲，由虎克定律及上式關係，吾人可得到：

$$平均軸向應變 ε ＝ \frac{平均軸向應力 σ}{彈性模數 E} ＝ P/AE$$

若桿件爲等斷面積，長度（L），則桿件在 P 作用下的伸長量

$$δ ＝ Lε ＝ PL/AE \tag{3-1}$$

3.2 拉力構件斷面積之計算

一、鋼材之肢件及總斷面積

肢件（element）就是鋼材斷面的局部板單元，因爲鋼材斷面的厚度都較小，容易構成眾多扁平的板狀單元，因此，鋼構斷面就以板狀單元做爲組成斷面的基本單位（如圖 3-3a～d）。鋼板只有 1 個板單元，角鋼及 T 型鋼共有 2 個板單元，對於 H 型鋼而言，斷面可以有 5 個板單元或 3 個板單元，前者：2 個上翼板外伸的板單元、2 個下翼板外伸的板單元及 1 個腹板單元；後者：上下各 1 個翼板單元及 1 個腹板單元。

鋼材的總斷面積就是垂直軸線的橫剖面積，即橫剖面上的全部面積。但是在計算全斷面積時要扣除重疊的部分，不能有重複計算的情形。例如角鋼（如圖 3-3e）的 2 個板單元，在計算寬度時不能以（$L_1 + L_2$）來計算，而是（$L_1 + L_2 - t$），其淨斷面積就是（$L_1 + L_2 - t$）（t）。

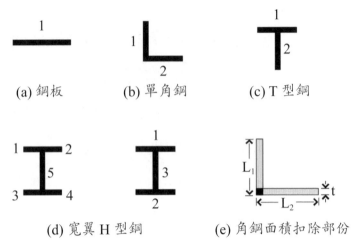

(a) 鋼板   (b) 單角鋼   (c) T 型鋼

(d) 寬翼 H 型鋼   (e) 角鋼面積扣除部份

圖 3-3   各種鋼材板單元示意圖

二、鋼材之開孔及淨斷面積

拉力構件在一般的鋼結構系統中是不可或缺的，尤其是桁架系統。因為在純拉力作用下，構件材料的全斷面都能發揮最大的強度，因此在所有鋼結構的構件中，拉力構件是材料使用效率最好的。而且拉力構件在受力後會使構件呈變直趨勢，不受構件初始彎曲的影響，也是鋼結構中唯一不需要考慮挫屈（buckling）破壞的構件，其設計作業僅需滿足強度及勁度之要求即可。

一般拉力構件係採用螺栓、焊接、鉚釘或球節接合，若採用螺栓或鉚釘接合，構材會因開孔而使承受作用力之淨斷面積減少，以致單位面積上的應力增加，因此在開孔邊緣產生應力集中現象。在鋼板上鑽孔時，一般的開孔直徑需比螺栓或鉚釘直徑大 1.5mm，故規範規定標稱孔徑為釘栓直徑（d）加 1.5mm；另外在鑽孔或沖孔時也會在孔徑四周邊緣的鋼材造成約 0.75mm 的損壞。因此，扣孔直徑為標稱孔徑再加 1.5mm（1/16"），亦即將釘栓直徑加 3.0mm（1/8"），如圖 3-4 所示。

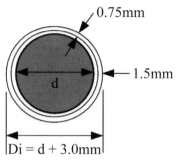

0.75mm

1.5mm

d

Di = d + 3.0mm

圖 3-4 釘栓開孔直徑示意圖

拉力構件淨斷面積之計算係將鋼材之總斷面積扣除各開孔面積之和，開孔面積為扣孔直徑乘以鋼板之厚度，並以下式表示：

$$A_n = A_g - \Sigma_1^n D_i t_i \qquad (3\text{-}2)$$

其中 A_n 為淨斷面積、A_g 為總斷面積、D_i 為扣孔直徑、t_i 為鋼板厚度、n 為釘栓孔數。

若釘栓之開孔不在同一垂直線上，亦即佈設方式有交錯孔（staggered holes）之情形，吾人稱之為交錯佈設，這種交錯情形需要找出最小的破壞斷面。如圖 3-5 所示，可能的破壞斷面有 a-b-c 橫剖面及 a-b-d-e 折線剖面二種，乍看之下似乎是 a-b-d-e 折線比 a-b-c 直線要長，但 a-b-c 直線只需扣除一個開孔面積，而 a-b-d-e 折線需要扣除二個開孔面積，因此，無法直接判斷何者的破壞斷面較小。由於折線剖面上 b-d 段會有正向應力及剪應力交互作用，形成複雜的力學行為，目前各國之規範大多採用 1922 年 Cochrane, V. H. 所提出的簡算公式：

折線剖面淨斷面積 = 橫剖面總斷面積 - 斷裂面通過之開孔面積 +

$$每一斜線上之 \frac{s^2}{4g}t$$

$$A_n = A_g - \Sigma_1^n D_i t_i + \Sigma_1^m \frac{s_i^2}{4g_i} t_i \qquad (3\text{-}3)$$

其中 s_i 爲二個連續孔中心平行於作用力方向之縱距（spacing）

g_i 爲二個連續孔中心垂直於作用力方向之橫距（gage），m 爲
釘栓孔錯位數。

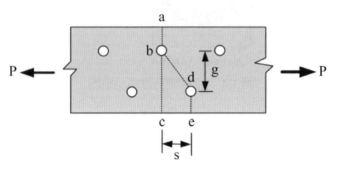

圖 3-5　鋼板開孔破裂線示意圖

【例題 3-1】試求圖 3-6 中各種鋼板使用 19ϕ 螺栓開孔之淨斷面積。

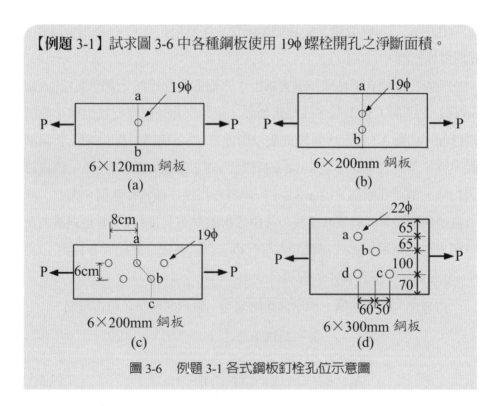

圖 3-6　例題 3-1 各式鋼板釘栓孔位示意圖

解：

1.圖 (a)：1 個開孔，$n = 1$，$D = 1.9 + 0.3 = 2.2\text{cm}$，$t = 0.6\text{cm}$，

$A_g = 0.6 \times 12 = 7.2\text{cm}^2$

$A_n = A_g - \overset{1}{\underset{1}{\sum}} D_1 t_1 = 7.2 - 2.2 \times 0.6 = 5.88\text{cm}^2$。

2.圖 (b)：2 個垂直線上開孔，$n = 2$，$D = 1.9 + 0.3 = 2.2\text{cm}$，$t = 0.6\text{cm}$，$A_g = 0.6 \times 20 = 12\text{cm}^2$

$A_n = A_g - \overset{2}{\underset{1}{\sum}} D_i t_i = 12 - 2 \times 2.2 \times 0.6 = 9.36\text{cm}^2$。

3.圖 (c)：2 個非垂直線上開孔，$n = 2$，$D = 1.9 + 0.3 = 2.2\text{cm}$，$t = 0.6\text{cm}$，$s = 4\text{cm}$，$g = 6\text{cm}$，

$A_n = A_g - \Sigma_1^2 D_i t_i + \Sigma_1^1 \dfrac{s_1^2}{4g_1} t_1 = 12 - 2 \times 2.2 \times 0.6 + \dfrac{4^2}{4 \times 6} \times 0.6 = 9.76\text{cm}^2$。

4.圖 (d)：3 個非垂直線上開孔，$D = 2.2 + 0.3 = 2.5\text{cm}$，$t = 0.6\text{cm}$，$s_1 = 6\text{cm}$，$s_2 = 5\text{cm}$，$g_1 = 6.5\text{cm}, g_2 = 10\text{cm}$，$A_g = 0.6 \times 30 = 18\text{cm}^2$

沿 a-d 線：$n = 2$

$\qquad A_n = A_g - \Sigma_1^2 D_i t_i = 18 - 2 \times 2.5 \times 0.6 = 15\text{cm}^2$。

沿 a-b-c 線：$n = 3$，$m = 2$

$\qquad A_n = A_g - \Sigma_1^3 D_i t_i + \Sigma_1^2 \dfrac{s_i^2}{4g_i} t_i$

$\qquad\qquad = 18 - 3 \times 2.5 \times 0.6 + \dfrac{6^2}{4 \times 6.5} \times 0.6 + \dfrac{5^2}{4 \times 10} \times 0.6$

$\qquad\qquad = 14.71\text{cm}^2$。

沿 a-b-d 線：$n = 3$，$m = 2$

$\qquad A_n = A_g - \Sigma_1^3 D_i t_i + \Sigma_1^2 \dfrac{s_i^2}{4g_i} t_i$

$\qquad\qquad = 18 - 3 \times 2.5 \times 0.6 + \dfrac{6^2}{4 \times 6.5} \times 0.6 + \dfrac{6^2}{4 \times 10} \times 0.6$

$= 14.87 \text{cm}^2$。

破壞斷面由最小的淨斷面線控制，即由 a-b-c 線控制，$A_n =$ 14.71cm^2。

【例題 3-2】 試求圖 3-7 中角鋼（L150×100×12) 使用 22φ 螺栓之開孔淨斷面積。

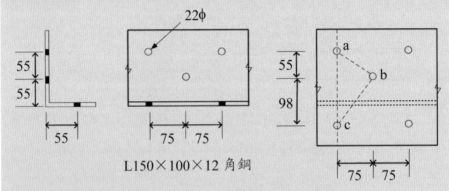

L150×100×12 角鋼

圖 3-7　例題 3-2 角鋼釘栓孔位示意圖

解：

3 個非垂直線上開孔，$D = 2.2 + 0.3 = 2.5 \text{cm}$，$t = 1.2 \text{cm}$，

未開孔時 $A_g = (L_1 + L_2 - t) \times t = (15 + 10 - 1.2) \times 1.2 = 28.56 \text{cm}^2$

沿 a-c 線：$n = 2$

$$A_n = A_g - \Sigma_1^2 D_i t_i = 28.56 - 2 \times 2.5 \times 1.2 = 22.56 \text{cm}^2。$$

沿 a-b-c 線：$n = 3$，$m = 2$

$$A_n = A_g - \Sigma_1^3 D_i t_i + \Sigma_1^2 \frac{s_i^2}{4g_i} t_i$$

$$= 28.56 - 3 \times 2.5 \times 1.2 + \frac{7.5^2}{4 \times 5.5} \times 1.2 + \frac{7.5^2}{4 \times 9.8} \times 1.2$$

$= 24.35\text{cm}^2$

破壞斷面由最小的淨斷面線控制，即由 a-c 線控制，$A_n = 22.56\text{cm}^2$。

三、鋼材之有效淨斷面積

　　無論是焊接或釘栓接合的受拉構件，因為只有局部斷面直接與其他構件連接，因此接合處之應力會集中在釘栓或焊接接合位置；當結合肢之應力已超過降伏強度 F_y 而進入應變硬化階段，但非結合肢之應力卻可能尚未達到降伏強度 F_y，這種現象稱為剪力遲滯（shear lag），而剪力遲滯會影響受拉構件在接合處的斷裂強度。接合長度愈長，剪力遲滯現象愈小，為考慮剪力遲滯之效應，規範訂定一個斷面的折減係數 U，以此 U 值來折減淨斷面積：

有效淨斷面積 = 折減係數 × 淨斷面積

　　1. 釘栓接合之有效淨斷面積，因為有開孔，$A_n < A_g$：

$$A_e = UA_n \tag{3-4}$$

　　2. 焊接接合之有效淨斷面積，因為沒有開孔，$A_n = A_g$：

$$A_e = UA_g \tag{3-5}$$

　　不論是焊接接合或是釘栓接合，當構材屬全斷面接合時（如單一肢件的鋼板接合也屬全斷面接合）、有橫向焊道之焊接接合以及僅縱向焊道但焊道長度 ≥ 2 倍鋼板寬度之焊接接合，在不產生剪力遲滯現象下，故 U = 1；而在釘栓接合中屬於短構件的續接板（splice）及連接板（gusset plate），因應力集中的影響致使應力的分佈非常不均勻，不會有全斷面降伏之情形，經試驗顯示此類短構件的有效淨斷面積 A_e 都不超過 0.85～0.9A_g，故 ASD 及 LRFD 都規定其 U = 1，且 A_e 不得大於 0.85A_g。

　　其餘構件釘栓接合折減係數 U 值的決定方式可使用表 3-1 內的數值或

依 AISC-86 規範建議之下列公式計算之：

$$U = 1 - \frac{\overline{X}}{L} \leq 0.9 \qquad (3\text{-}6)$$

其中 $\overline{X}$ = 剪力傳遞斷面至構材形心之偏心距，L 為接合部長度（如圖 3-8 所示）。

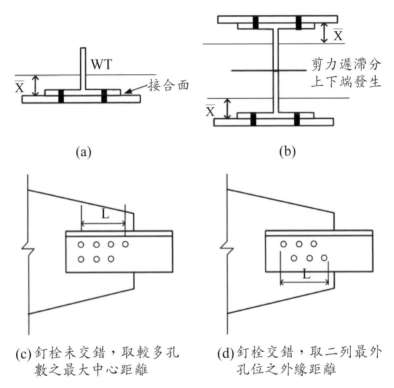

(a)　　　　　　　　　　　　(b)

(c) 釘栓未交錯，取較多孔　　(d) 釘栓交錯，取二列最外
　　 數之最大中心距離　　　　　 孔位之外緣距離

圖 3-8　鋼材剪力傳遞斷面至構材形心之偏心距及接合長度示意圖

表 3-1　非全斷面釘栓接合之折減係數

項次	要件說明	U 值
1	(1) 翼板寬度與深度比不小於 2/3 之 W、H、S、I、或 T 型鋼 (2) 接合處須在翼板位置 (3) 沿應力方向每行釘栓數 ≥ 3 根	0.90

項次	要件說明	U 值
2	(1) 不合於上款之 W、H、S、I、或 T 型鋼，或其他組合斷面 (2) 沿應力方向每行釘栓數 ≥ 3 根	0.85
3	(1) 釘栓接合之各種斷面且沿應力方向每行僅有 2 根釘栓	0.75

　　僅有縱向焊道接合之折減係數 U 值之決定方式可由表 3-2 內數值或依 AISC-86 規範之建議之公式（3-6）計算之。值得注意的是，目前臺灣的鋼結構規範仍然採用查表法及偏心距法併用，但美國的鋼結構規範（AISC 360-10）已經全面改以偏心距法為主，並將查表法移至附錄中供參。

表 3-2　僅縱向焊道接合之折減係數

項次	要件說明		U 值
1	$l \geq 2w$		1.0
2	$2w > l \geq 1.5w$		0.87
3	$1.5w > l \geq 1w$		0.75
4	$l < 1w$		不允許

3.3 拉力構件之受力極限及塊狀撕裂破壞

　　鋼結構受拉構件之極限強度狀態一般是由下列三種情形控制：

1. 無開孔位置之全斷面降伏：此時之強度極限狀態為整個斷面皆進入降伏狀態，可以下式表示：

$$T_n = F_y \times A_g \qquad (3\text{-}7)$$

其中 T_n 為標稱強度（nominal strength）、F_y 為鋼材降伏應力、A_g

為總斷面積。

鋼板的開孔處會有應力集中的現象，就是應力不均勻的分布（如圖3-9a）。根據彈性理論分析，在開孔邊緣的最大拉應力約等於整個斷面平均應力的 3 倍；但當材料進入降伏應變後，整個斷面之應力都可達到降伏強度（如圖 3-9b）。

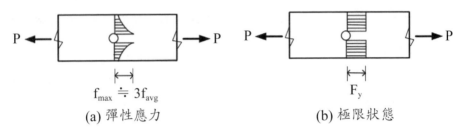

(a) 彈性應力　　　　　　　　　　(b) 極限狀態

圖 3-9　拉力構件開孔處之應力分布示意圖

2. 有開孔位置有效淨斷面之斷裂：當淨斷面達到降伏應變後仍可繼續承受拉力，因為應變大到某種程度後，鋼材會進入應變硬化的階段，其最大承拉強度可能超過公式（3-7）的值，因此吾人尚需考慮淨斷面斷裂時之極限狀態：

$$T_n = F_u \times A_e \qquad\qquad (3\text{-}8)$$

其中 F_u 為鋼材極限應力、A_e 為有效淨斷面積 $= U \times A_n$，U 為折減係數，A_n 為淨斷面積。

3. 在拉力構件的端部結合處，除了可能產生全斷面降伏及淨斷面斷裂外，亦可能產生剪力撕裂或剪力撕裂與拉力撕裂同時存在的情形。此種撕裂破壞所產生的剪力塊（shear block）如圖 3-10 所示，其中圖 (a) 撕裂破壞面是沿 a-b-c 線產生，此時破壞強度係由斷面 a-b 的剪力強度及斷面 b-c 的拉力強度組合而成；在圖 (b) 中塊狀撕裂破壞面是沿 a-b-c-d 線產生，此時破壞強度係由斷面 a-b 及 c-d 的剪力

強度及斷面 b-c 的拉力強度組合而成,而淨斷面斷裂破壞係沿 e-b-
c-f 線產生,全斷面之降伏破壞面則沿 g-h 線所產生。

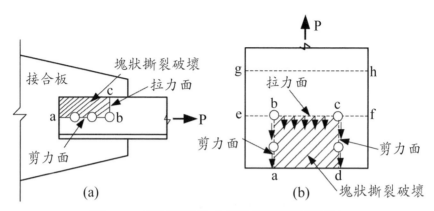

圖 3-10　鋼材釘栓孔之塊狀撕裂破壞示意圖

3.4 ASD 拉力構件之容許強度及分析

一、ASD 容許強度相關規定

(一) 全斷面降伏之容許應力

安全係數 =1.67、降伏應力 F_y。

1. 容許拉應力＝降伏應力／安全係數

$$F_t = \frac{F_y}{1.67} = 0.6F_y \qquad (3\text{-}9)$$

2. 容許拉力＝(容許拉應力)‧(全斷面積)

$$T_a = F_t A_g = 0.6F_y A_g \qquad (3\text{-}10)$$

(二) 淨斷面斷裂之容許應力

安全係數 = 2.0、極限應力 F_u。

1. 容許拉應力＝極限應力／安全係數

$$F_t = \frac{F_u}{2.0} = 0.5F_u \qquad (3\text{-}11)$$

2. 容許拉力＝（容許拉應力）．（有效淨斷面積）

$$T_a = F_t A_e = 0.5F_u A_e = 0.5F_u U A_n \qquad (3\text{-}12)$$

（三）塊狀撕裂破壞之容許應力

安全係數＝2.0、極限應力 F_u，極限剪應力 $0.6F_u$。

1. 容許應力＝極限應力／安全係數

容許拉應力$F_t = \dfrac{F_u}{2.0} = 0.5F_u$ $\qquad (3\text{-}13)$

容許剪應力$F_v = \dfrac{0.6F_u}{2.0} = 0.3F_u$ $\qquad (3\text{-}14)$

2. 容許拉力＝（容許拉應力）（拉力淨斷面積）＋（容許剪應力）（剪力淨斷面積）

$$T_a = F_t A_{nt} + F_v A_{nv} = 0.5F_u A_{nt} + 0.3F_u A_{nv} \qquad (3\text{-}15)$$

二、勁度及細長比之要求

對拉力構件而言，結構是否穩定並不是一項很重要的考慮因素。因為拉力構件在承受純拉力作用時，桿件會被拉直，並不像壓力構件可能會有挫屈現象發生。但在構件的組裝及使用過程中，桿件的長度仍需做些基本的限制，免得桿件過於柔軟，以致於承受風力作用時會產生振動（甚至共振現象）及噪音等。AISC 對於拉力桿件的細長比（slenderness ratio）規定為 $L/r \leq 300$，而組合構件則 $L/r \leq 240$，其中為 L 桿件之長度，r 為桿件斷面之最小迴轉半徑、I 為桿件斷面之慣性矩、A 為桿件之斷面積：

$$r = \sqrt{\frac{I}{A}} \qquad (3\text{-}16)$$

三、ASD 拉力構件之分析步驟

　　ASD 拉力構件的分析主要是求得容許拉力值（T_a），進一步與外加作用之拉力值作比較，以判斷桿件是否安全，若未特別說明時，拉力構件及連接板都要同時檢核是否滿足安全性之要求，ASD 拉力構件之分析步驟如圖 3-11 所示。

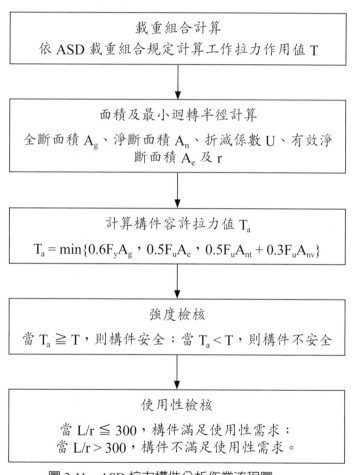

載重組合計算
依 ASD 載重組合規定計算工作拉力作用值 T

面積及最小迴轉半徑計算
全斷面積 A_g、淨斷面積 A_n、折減係數 U、有效淨斷面積 A_e 及 r

計算構件容許拉力值 T_a
$T_a = \min\{0.6F_yA_g，0.5F_uA_e，0.5F_uA_{nt} + 0.3F_uA_{nv}\}$

強度檢核
當 $T_a \geq T$，則構件安全；當 $T_a < T$，則構件不安全

使用性檢核
當 L/r ≦ 300，構件滿足使用性需求；
當 L/r > 300，構件不滿足使用性需求。

圖 3-11　ASD 拉力構件分析作業流程圖

3.5 ASD 拉力構件之設計

　　如同其他結構設計工作一樣，通常在開始設計工作時還不知道構件的尺寸，也不知道斷面積有多大，一般事先只知道結構物所在的位置，那裡的震區係數多大、風力多強、冬天下不下雪、空間作何用途，靜載重和活載重可能會多大等，但可以先選擇採用哪一類的型鋼，接合方式是用螺栓還是焊接，並選擇試用斷面進行初步分析，檢核強度及使用性後，再回饋到前面的步驟。ASD 拉力構件之設計步驟如圖 3-12 所示。

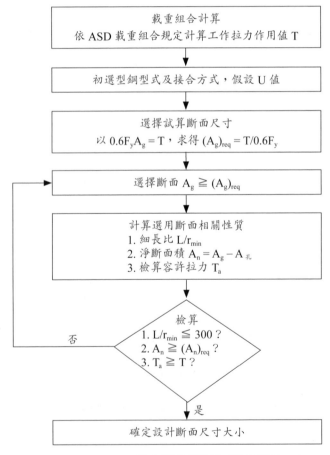

載重組合計算
依 ASD 載重組合規定計算工作拉力作用值 T

初選型鋼型式及接合方式，假設 U 值

選擇試算斷面尺寸
以 $0.6F_yA_g = T$，求得 $(A_g)_{req} = T/0.6F_y$

選擇斷面 $A_g \geqq (A_g)_{req}$

計算選用斷面相關性質
1. 細長比 L/r_{min}
2. 淨斷面積 $A_n = A_g - A_孔$
3. 檢算容許拉力 T_a

檢算
1. $L/r_{min} \leqq 300$ ？
2. $A_n \geqq (A_n)_{req}$ ？
3. $T_a \geqq T$ ？

否

是

確定設計斷面尺寸大小

圖 3-12　ASD 拉力構件設計作業流程圖

【例題 3-3】有一 7m 長的鋼梁（SS400 等級），承受最大拉力之靜載重 60tf、活載重 40tf，在上下二翼各使用二排 22ϕ 之螺栓，每排各三支，假設 $F_y = 2.5$ tf/cm^2、$F_u = 4.1$ tf/cm^2，假設開孔處無折線斷裂及不考慮塊狀撕裂破壞，試以 ASD 設計此鋼梁斷面尺寸。

解：

工作拉力作用值 $T = 60 + 40 = 100$tf，選用 H300 型鋼，假設 $U = 0.9$

需要之總斷面積 $A_g = T/0.6F_y = 100/(0.6 \times 2.5) = 66.67$cm^2

試用 H300×200×8×12，$A_g = 72.38$cm$^2 \geq 66.67$cm^2，

$b/d = 20/29.4 = 0.68 \geq 2/3$，

需要之有效淨斷面積 $A_e = T/(0.5F_u) = 100/(0.5 \times 4.1) = 48.78$cm^2

淨斷面積 $A_n = A_g - 4 \times (2.2 + 0.3) \times 1.2 = 59.05cm^2 \geq 48.78$cm^2

細長比 $r_{min} = L/300 = 700/300 = 2.33 \leq r_y = 4.75$

考慮全斷面降伏之容許拉力

$T_a = F_t A_g = 0.6F_y A_g = 0.6 \times 2.5 \times 71.05 = 106.58$tf

考慮淨斷面斷裂之容許拉力

$T_a = F_t A_e = 0.5F_u U A_n = 0.5 \times 4.1 \times 0.9 \times 59.05 = 108.95$tf ≥ 106.58tf ≥ 100tf，

$L/r_y = 700/4.75 = 147.37 \leq 300$，故選用 H300×200×8×12 型鋼 OK。

3.6 LRFD 拉力構件之標稱強度及分析

一、LRFD 標稱強度相關規定

LRFD 主要是以可靠度指標 β 來協助判斷結構物是否超越極限狀態的機率，極限狀態就是一種臨界狀態，一旦達到臨界狀態，結構系統或其桿

件就會失去功能性，不符合設計需求。極限狀態與可靠度指標具有密不可分的關係，而且不同的極限狀態（強度及使用性）會有不同的可靠性指標。LRFD 容許強度相關規定如下：

（一）全斷面降伏之軸拉力

強度折減係數 $\phi = 0.9$、降伏應力 F_y。

1. 標稱拉力 =（降伏應力）（全斷面積）

$$T_n = F_y A_g \tag{3-17}$$

2. 設計拉力 =（強度折減係數）（標稱拉力）

$$T_d = \phi T_n = 0.9 F_y A_g \tag{3-18}$$

（二）淨斷面斷裂之拉力

強度折減係數 $\phi = 0.75$、極限應力 F_u。

1. 標稱拉力 =（極限應力）（有效淨斷面積）

$$T_n = F_u A_e \tag{3-19}$$

2. 設計拉力 =（強度折減係數）（標稱拉力）

$$T_d = \phi T_n = 0.75 F_u A_e \tag{3-20}$$

（三）塊狀撕裂破壞之拉力

強度折減係數 $\phi = 0.75$、降伏剪應力 $0.6F_y$，極限剪應力 $0.6F_u$。

1. 當 $F_u A_{nt} \geq 0.6 F_u A_{nv}$ 拉力面斷裂 - 剪力面降伏（簡稱拉裂剪降）之設計拉力：

$$T_d = \phi T_n = 0.75(F_u A_{nt} + 0.6 F_y A_{gv}) \leq 0.75(F_u A_{nt} + 0.6 F_u A_{nv}) \tag{3-21}$$

2. 當 $F_u A_{nt} < 0.6 F_u A_{nv}$ 拉力面降伏 - 剪力面斷裂（簡稱拉降剪裂）之設計拉力：

$$T_d = \phi T_n = 0.75(F_y A_{gt} + 0.6 F_u A_{nv}) \leq 0.75(F_u A_{nt} + 0.6 F_u A_{nv}) \tag{3-22}$$

二、LRFD 拉力構件之分析步驟

　　LRFD 拉力構件的分析主要是求得設計拉力值（T_d），進一步與外加作用之係數化拉力值作比較，以判斷桿件是否安全，若未特別說明時，拉力構件及連接板都要同時檢核是否滿足安全性之要求，LRFD 拉力構件之分析步驟如圖 3-13 所示。

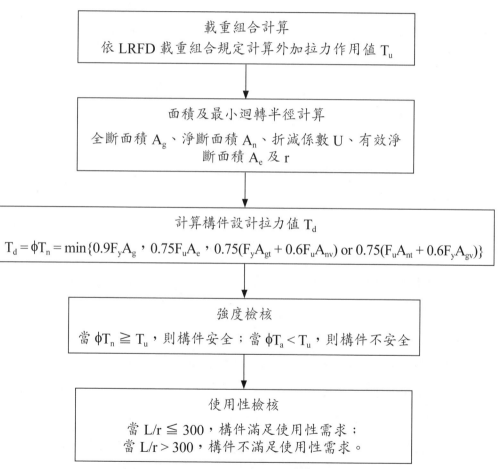

圖 3-13　LRFD 拉力構件分析作業流程圖

3.7 LRFD 拉力構件之設計

如同 ASD 拉力構件設計工作一樣，通常在開始設計工作時還不知道構件的尺寸，也不知道斷面積有多大，一般事先只知道結構物所在的位置，那裡的震區係數多大、風力多強、冬天下不下雪、空間作何用途，靜載重和活載重可能會多大等，但可以先決定採用哪一類的型鋼，接合方式是用螺栓還是焊接，並選擇試用斷面進行初步分析，檢核強度及使用性後，再回饋到前面的步驟。LRFD 拉力構件之設計步驟如圖 3-14 所示。

【例題 3-4】同【例題 3-3】，長 7m 的鋼梁（SS400 等級）承受最大拉力之靜載重 60tf、活載重 40tf，在上下二翼各使用二排 22ϕ 之螺栓，每排各三支，假設 $F_y = 2.5$ tf/cm^2、$F_u = 4.1$ tf/cm^2，假設開孔處無折線斷裂及不考慮塊狀撕裂破壞，試以 LRFD 設計此鋼梁斷面尺寸。

解：

計算係數化拉力作用值

$T_u = 1.4\,D = 1.4 \times 60 = 84$tf，

$T_u = 1.2\,D + 1.6L = 1.2 \times 60 + 1.6 \times 40 = 136$tf（控制）

選用 H300 型鋼，假設 $U = 0.9$

需要之總斷面積 $(A_g)_{req} = T_u / 0.9F_y = 136/(0.9 \times 2.5) = 60.44$cm^2

試用 H300×200×8×12，$A_g = 72.38$cm$^2 \geq 60.44$cm^2，b/d = 20/29.4

$= 0.68 \geq 2/3$，

需要之淨斷面積 $(A_e)_{req} = T_u / 0.75F_u = 136/(0.75 \times 4.1) = 44.23$cm^2

淨斷面積 $A_n = A_g - 4 \times (2.2 + 0.3) \times 1.2 = 59.05cm^2 \geq 44.23$cm^2

細長比 $r_{min} = L/300 = 700/300 = 2.33 \leq r_y = 4.75$

考慮全斷面降伏之設計拉力 $T_d = \phi F_y A_g = 0.9F_y A_g = 0.9 \times 2.5 \times 71.05 = 159.86$tf

考慮淨斷面斷裂之設計拉力

$T_d = \phi F_u A_e = 0.75 F_u U A_n = 0.75 \times 4.1 \times 0.9 \times 59.05 = 163.42\text{tf} \geq 159.86\text{tf}$

$\geq 136\text{tf}$，

$L/r_y = 700/4.75 = 147.37 \leq 300$，故選用 H300×200×8×12 型鋼，

OK。

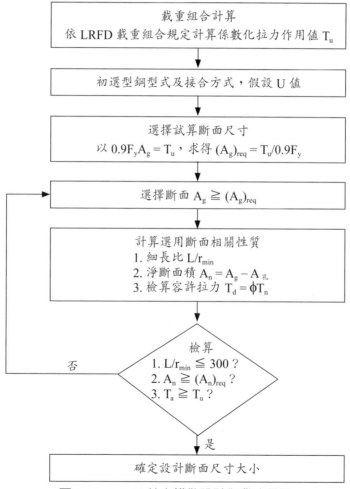

圖 3-14　LRFD 拉力構件設計作業流程圖

第四章　軸向壓力構件

4.1 壓力構件之種類及強度極限

一、壓力鋼構件之種類

在鋼筋混凝土結構及鋼結構中，主要的壓力構件就是「柱 -column」，其他的壓力構件包括桁架系統中的上弦桿及部分斜桿（如圖 4-1a）、鋼構架系統中的斜撐構件（如圖 4-1b，地震作用下結構左右擺動時斜桿會呈現受拉及受壓互換現象）、大跨徑結構之拱架（如圖 4-1c）、特定的承壓構件（如圖 4-1d）等。

圖 4-1a　桁架橋壓力構件照片

圖 4-1b　鋼構架系統柱與斜撐構件照片

圖 4-1c　大跨徑拱架結構照片

圖 4-1d　純受壓斜撐構件照片

　　常用的壓力構件斷面如圖 4-2 所示，H 型鋼是最常用於受壓構件，一般建物、中層建物及廠房都可使用 H 型鋼作為柱體及梁構件來組合搭建，由於構件本身對強軸及弱軸均對稱，較容易得到無偏心的接合，但在連接上較不方便；槽型鋼、T 型鋼及角鋼因其接合容易，常用在斜撐及桁架結構；箱型斷面則較常用在高層結構及鋼橋的大跨距箱梁、柱體，以及鋼拱橋的拱體（如圖 4-3a）；圓型鋼管也可替代 H 型鋼作為柱體，但在接合上作業較麻煩（如圖 4-3b）：組合斷面則是在其他型鋼無法滿足需求時使用，但造價較其他型鋼為高，且日後的維護保養較困難，因此在鋼材斷面產製尺寸日益增大及人工加工費用漸增情形下，組合斷面也漸少使用。

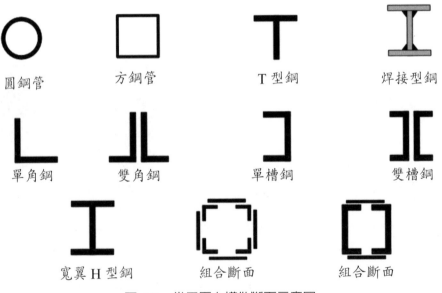

圓鋼管　　　　　　方鋼管　　　　　　　T 型鋼　　　　　焊接型鋼

單角鋼　　　　　　雙角鋼　　　　　　單槽鋼　　　　　　雙槽鋼

寬翼 H 型鋼　　　　　組合斷面　　　　　　組合斷面

圖 4-2　　常用壓力構件斷面示意圖

圖 4-3a　鋼拱橋箱型拱體照片

圖 4-3b　圓型鋼柱接合構件照片

二、受壓鋼構件之受力模式及變形

　　二力構件就是承受軸向作用力的構件，壓力構件及拉力構件相同，在無偏心（通過斷面形心）軸力作用下，斷面上的應力是呈平均分布現象。然而，拉力構件受力後會使構件有伸長的趨勢，但受壓構件在受力後，除了會造成構件縮短外，還可能會產生明顯的側向偏移及彎曲（如圖 4-4 所示），此即所謂的「挫屈 -buckling」。

　　值得讀者注意的是，在工地常用的鋼管鷹架及較小型鋼組合的支撐架，某種程度上就是一種細長構件，若組搭層數較多以及澆置混凝土的時候，輸送管隨著混凝土的移動和泵浦車輸送壓力的作用而在施工鷹架上搖晃，加上最底層鷹架下端的支撐不穩時，非常容易造成鷹架崩塌事件，如南投縣國姓鄉國道六號北山交流道西行線匝道工程，於 2010 年 9 月 30 日進行混凝土澆灌作業時，高 55 公尺的支撐架突然倒塌（如圖 4-5 所示），造成 7 人死亡的工安事故。另外鐵軌在高溫下伸長受限以及大地震時受地表的 Love 波及 Rayleigh 波作用，縱向的壓力致使鐵軌彎曲變形（如圖 4-6a 所示），也是一種挫屈現象。

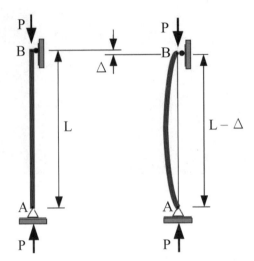

圖 4-4　壓力構件受軸向壓力產生挫屈示意圖

圖 4-5　國道六號北山交流道匝道工程支撐架崩塌照片（摘自網路）

圖4-6a　　鋼軌彎曲變形照片（摘自網路）　　圖4-6b　　型鋼局部挫屈照片（摘自網路）

　　壓力構件的是以全斷面去承受作用力，而拉力構件（全斷面降伏、淨斷面斷裂或塊狀撕裂破壞）則需扣除釘栓孔位之影響面積；而且壓力構件的強度與構件之長度息息相關，因為挫屈的發生與構件之細長比有著密切的關係，構件愈長其挫屈強度愈小。此外，壓力構件的安全係數會隨構件細長比的大小而改變，由於影響壓力構件強度的因素和不確定性比拉力構件要大，因此壓力構件需要採用較大的安全係數。

三、受壓鋼構件之極限強度

　　壓力構件的極限強度受到構件長度的影響十分顯著，考慮極限狀態時如同拉力構件一樣，需就使用性狀態及強度狀態分別說明。

1. 使用性極限狀態

　　當受壓構材的細長比太大時，在產製、運輸及吊裝過程中都較不易處理，而且容易形成構件的初始彎曲，間接增加挫屈的潛在趨勢，同時降低構件的強度。因此 ASD 及 LRFD 都規定，受壓構材的細長比（KL/r）不宜超過 200。

2. 強度極限狀態

　　挫屈就是壓力構件失去穩定性的一種現象，而壓力構件的強度極限狀態約略分為下列五種：

⑴全斷面降伏：這種極限狀態很少發生，通常只出現在極短柱承受極大的軸壓力時。試驗證明，當柱的細長比很小時，可以被加載到應變硬化階段。

⑵側向挫屈：如圖 4-4 所示，當壓力構件承受軸壓力作用下，此種挫屈通常是在構件弱軸方向產生的側向彎曲現象。

⑶側向扭轉挫屈：此種挫屈會同時產生側向彎曲及繞斷面縱軸扭轉的現象，除了承受軸壓力的長柱外，長跨距的鋼梁在非結實斷面又無足夠的側向支撐狀況下也會發生。

⑷整體扭轉挫屈：此種挫屈通常只會發生在細長比非常大的雙向對稱柱（如十字形鋼柱及組合型鋼柱），也就是沿構件軸向發生整體扭轉的變形現象。

⑸局部挫屈：此種挫屈通常發生在過度的集中應力作用下，造成構件的某一部分發生挫屈（如圖 4-6b 所示），也就是構件尚未發生整體性挫屈之前先發生局部的挫屈。為此，規範是以限制肢件的寬厚比來預防局部挫屈的發生，當寬厚比愈大時，構件發生局部挫屈的機會也愈大。

4.2 柱之彈性挫屈

一、簡支理想柱挫屈曲線之推導

Euler 推導柱挫屈的公式就是材料力學中用來求梁彈性變形曲線的積分法，只是一般的梁其彎矩方程式 M(x) 是建立在未變形的直梁上，而挫屈的分析中彎矩方程式是建立在已變形的柱上（如圖 4-7b）。由擾態平衡（如圖 4-7c）：

$$\Sigma M_A = 0 \text{，} M(x) = Py = -EIy''$$

$$EIy'' + Py = 0 , y'' + \frac{P}{EI}\,y = 0 ,$$

$$y'' + \lambda^2 y = 0 \tag{4-1}$$

上式稱為挫屈微分方程式，其解為：

$$y(x) = C_1 \sin\lambda x + C_2 \cos\lambda x \tag{4-2}$$

積分常數 C_1 及 C_2 由柱的邊界條件求解，當 $x = 0$ 時，$y(x) = 0$；當 $x = L$ 時，$y(L) = 0$，

代入（4-2），$\sin(0) = 0$，$\cos(0) = 1$，得到積分常數：

$y(0) = 0 + C_2 \times 1 = 0$，$C_2 = 0$；$y(L) = C_1 \sin\lambda L = 0$，$C_1$ 不能等於零，則

$$\sin\lambda L = 0 \tag{4-3}$$

上式稱為挫屈方程式，因 $\sin$ 函數在 π，2π，$3\pi\cdots$位置都等於零，因此（4-3）之解為：

$$\lambda L = \sqrt{\frac{P}{EI}}\,L = n\pi \qquad n = 1 \cdot 2 \cdot 3\cdots$$

$$\lambda = \sqrt{\frac{P}{EI}} = \frac{n\pi}{L} \qquad n = 1 \cdot 2 \cdot 3\cdots \tag{4-4}$$

$$(P_{cr}) = \frac{n^2\pi^2 EI}{L^2} \qquad n = 1 \cdot 2 \cdot 3\cdots \tag{4-5}$$

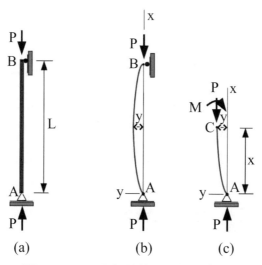

圖 4-7　Euler 理想柱挫屈曲線示意圖

二、簡支理想柱之臨界載重

由公式（4-5）及圖 4-8(a)，吾人可知當 n = 1 就是簡支理想柱發生挫屈的最小臨界載重：

$$P_{cr} = \frac{\pi^2 EI}{L^2} \tag{4-6}$$

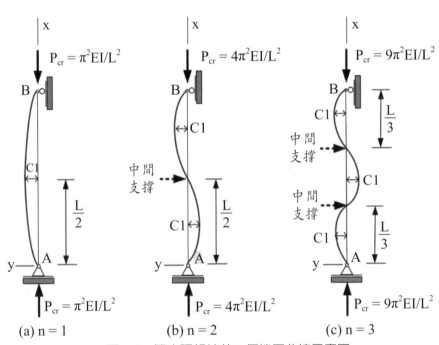

(a) n = 1　　　　(b) n = 2　　　　(c) n = 3

圖 4-8　簡支理想柱前 3 個挫屈曲線示意圖

在一般的教科書中若未特別註明，簡支理想柱的臨界載重（critical load）就是指 n = 1 的公式（4-6）。這也是 1759 年 Euler 所提出著名的簡支理想柱（一端滾支撐、一端鉸支撐）挫屈公式，式中的 E 為柱體的彈性模數，I 為柱斷面的慣性矩，L 為柱在彎曲平面內的側向無支撐長度。

因為（慣性矩）=（斷面積）（迴轉半徑的平方）：

$I = Ar^2$，$r = \sqrt{\dfrac{I}{A}}$，代入（4-6）得：

$$P_{cr} = \frac{\pi^2 EA}{(L/r)^2} \qquad (4\text{-}7)$$

其中 A 為柱的斷面積，r 為柱的迴轉半徑，L/r 為柱的細長比，此為無因次的比值。若將公式（4-7）換算成應力的型式，可得：

$$F_{cr} = P_{cr}/A = \frac{\pi^2 E}{(L/r)^2} \qquad (4\text{-}8)$$

其中 F_{cr} 為柱的挫屈應力或稱為臨界應力（critical stress），值得注意的是柱的挫屈會發生在細長比最大 $(L/r)_{max}$ 的軸上（請注意，這未必是斷面的弱軸），因此在分析時必須先找出二方向中細長比較大的軸。

所有的公式推導時多會設定一些假設條件，使用情況一旦違背當初的假設條件，公式的適用性就會有爭議。Euler 在推導柱的挫屈公式時也假設軸壓力是作用在理想柱上，其假設分為三方面：

1. 幾何方面：假設柱為完美筆直的等斷面細長構件，且所產生的變形量很小。

2. 受力方面：作用在柱斷面的軸向壓力通過形心，亦無任何側向載重作用在柱上，且構件無殘餘應力。

3. 材質方面：柱的材料為均質且受力過程能維持線彈性行為。

三、其他邊界條件理想柱之臨界載重

公式（4-5）僅適用於一端滾支撐、一端鉸支撐的簡支理想柱，另外還有其他邊界條件的理想柱，如 (1) 一端鉸支撐、一端有旋轉束制，(2) 一端固定支撐、一端鉸支撐，(3) 一端固定支撐、一端無任何支撐，(4) 一端固定支撐、一端有旋轉束制，(5) 二端均固定端，(6) 二端均鉸端等情形。因此吾人可將公式（4-7）改為下列的通式，對於不同的邊界條件給予不同的 K 值（稱為有效長度係數，如表 4-1 所示），有效長度（KL）代表的是柱桿件上兩相鄰反曲點間的距離；由表 4-1 吾人可知，端支撐的轉動束制愈強，有效長度係數愈小，亦即理想柱的臨界載重就愈大。

$$F_{cr} = \frac{\pi^2 E}{(KL/r)^2} \qquad (4\text{-}9)$$

表 4-1　不同邊界條件理想柱之有效長度係數表

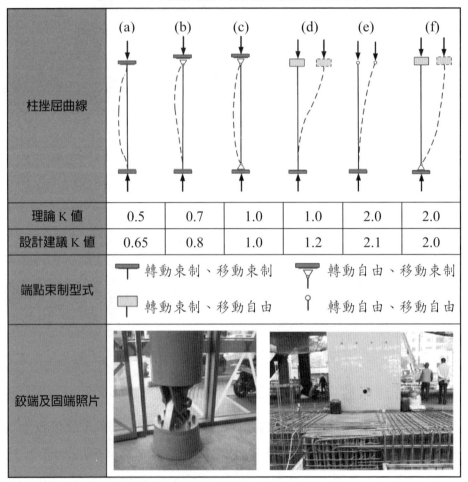

	(a)	(b)	(c)	(d)	(e)	(f)
柱挫屈曲線						
理論 K 值	0.5	0.7	1.0	1.0	2.0	2.0
設計建議 K 值	0.65	0.8	1.0	1.2	2.1	2.0
端點束制型式	⊤ 轉動束制、移動束制　▽ 轉動自由、移動束制 □ 轉動束制、移動自由　○ 轉動自由、移動自由					
鉸端及固端照片						

四、有側撐及無側撐構架柱之有效長度

　　影響柱有效長度的因素，除端點的束制形式外，柱是否容許發生側向位移也是重要的影響因素，也就是探討「柱」是存在於有側撐構架（braced frame）、還是存在於無側撐構架（unbraced frame）。前者不允許發生側

向位移，因有對角斜撐系統，構架不會有側向位移；後者允許發生側向位移，因無對角斜撐系統，構架受力後會發生側向位移。

　　在實際生活環境中，結構物的理想化端點是不存在的，柱兩端通常連接到其他的梁及柱的構件中，其挫屈破壞是一個非常複雜的力學行為。由於學者推導出來的柱有效長度係數理論公式或近似公式較為複雜（有興趣的讀者可參閱其他書籍），式中用到的分別代表柱上、下兩端點所連接之柱梁相對勁度比：

$$G = \frac{\Sigma(EI_c/L_c)}{\Sigma(EI_g/L_g)} \tag{4-10}$$

　　其中 I_c 為柱之慣性矩，L_c 為柱之長度，I_g 為梁之慣性矩，L_g 為梁之長度。

　　因為構架中需逐柱逐端點進行計算，過程繁複且容易出錯，因此規範提供了連線圖（alignment chart），做為估算實際結構物柱之有效長度係數。對於有側撐構架，柱的有效長度係數介於 0.5～1.0 之間，如圖 4-9a 所示；對於無側撐構架，柱的有效長度係數一定大於 1.0，如圖 4-9b 所示。對於鉸端支承之 $\Sigma\left(\dfrac{EI_g}{L_g}\right)=0$，理論上 $G = \infty$，事實上很難有百分之百的鉸端支承，或多或少會有一點抵抗彎矩的能力，因此，這種情況 AISC 建議採用 $G = 10$。而對於固端支承 $\Sigma\left(\dfrac{EI_g}{L_g}\right)=\infty$，理論上 $G = 0$，事實上也很難有百分之百的固端支承，這種情況 AISC 則建議採用 $G = 1.0$。

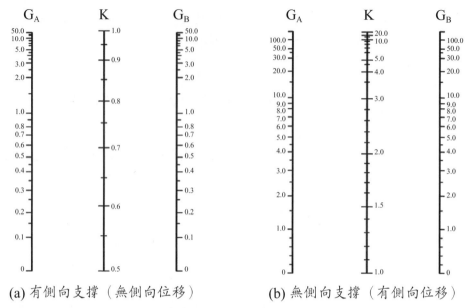

(a) 有側向支撐（無側向位移）　　　　　(b) 無側向支撐（有側向位移）

圖 4-9　無側向位移及有側向位移連線圖

【例題 4-1】如圖 4-10，有一剛性接頭之鋼結構構架，假設所有構件彈性模數 E 相同，以及本構架為 (1) 有側撐構架，(2) 無側撐構架，試分別求柱 AB 及 BC 之有效長度係數。

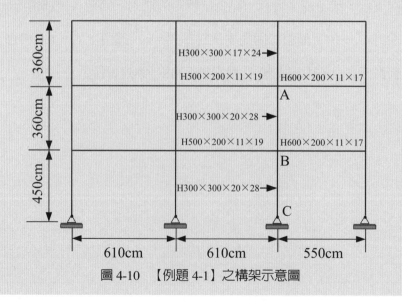

圖 4-10　【例題 4-1】之構架示意圖

解：

型鋼編號及尺寸	I_x
① H300×300×17×24	35000
② H300×300×20×28	42200
③ H500×200×11×19	55500
④ H600×200×11×17	75600

1. 有側撐架構（無側向位移）

柱 BC：節點 B　$G_B = \dfrac{\Sigma(I_c/L_c)}{\Sigma(I_g/L_g)} = \dfrac{42200/360 + 42200/450}{55500/610 + 75600/550} = 0.92$

節點 C　鉸端支承依 AISC 規定取 $G_c = 10.0$

由圖 4-9a 查得 K = 0.86。

柱 AB：節點 A　$G_A = \dfrac{\Sigma(I_c/L_c)}{\Sigma(I_g/L_g)} = \dfrac{35000/360 + 42200/360}{55500/610 + 75600/550} = 0.94$

節點 B　$G_B = 0.92$

由圖 4-9a 查得 K = 0.76。

2. 無側撐構架（有側向位移）

柱 BC：節點 B　$G_B = 0.92$

節點 C　鉸端支承依 AISC 規定取 $G_c = 10.0$

由圖 4-9b 查得 K = 1.88。

柱 AB：節點 A　$G_A = \dfrac{\Sigma(I_c/L_c)}{\Sigma(I_g/L_g)} = \dfrac{35000/360 + 42200/360}{55500/610 + 75600/550} = 0.94$

節點 B　$G_B = \dfrac{\Sigma(I_c/L_c)}{\Sigma(I_g/L_g)} = \dfrac{42200/360 + 42200/450}{55500/610 + 75600/550} = 0.92$

由圖 4-9b 查得 K = 1.29。

4.3 柱之非彈性及局部挫屈

一、臨界細長比 C_c

如 4.2 節所述,理想柱係假設在受力過程中斷面材料維持線彈性行為的條件下,吾人稱之為彈性挫屈,事實上它僅是適用於長柱的情形,在正常情況下短柱不會發生挫屈現象,而是以全斷面降伏方式破壞;然而長度介於長柱與短柱之間的中長柱,則屬於非彈性挫屈範圍,如圖 4-11 所示,彈性挫屈與非彈性挫屈的分界在於臨界細長比 C_c。根據美國結構穩定研究協會(SSRC)之建議,考慮實務上會產生的殘餘應力、初始彎曲、柱端反力及束制等不確定因素,AISC 假設彈性挫屈之上限平均應力等於 $F_y/2$,並以安全係數 1.92 折減之,而得到臨界細長比下的容許平均壓應力。令

$$\frac{1}{2}F_y = \frac{\pi^2 E}{\left(\frac{KL}{r}\right)^2} = \frac{\pi^2 E}{(C_c)^2} \text{,得到臨界細長比}$$

$$C_c = \sqrt{\frac{2\pi^2 E}{F_y}} \tag{4-11}$$

其中 $E = 2.04 \times 10^6 \text{kgf/cm}^2 = 29 \times 10^3 \text{kip/in}^2(\text{ksi})$,$1\text{kip/in}^2 = 10^3 \text{lb/in}^2(\text{psi})$,$1\text{psi} = 0.0703 \text{kgf/cm}^2$,當

F_y 之單位為 kgf/cm^2 時,$C_c = 6364/\sqrt{F_y}$

F_y 之單位為 tf/cm^2 時,$C_c = 200/\sqrt{F_y}$

F_y 之單位為 kip/in^2 時,$C_c = 755/\sqrt{F_y}$

1. 當柱之細長比小於 C_c 時,會發生非彈性挫屈,此時的容許壓應力為:

$$F_a = \frac{F_y}{F.S.}\left(1 - \frac{1}{2}R^2\right) \tag{4-12}$$

其中 F.S. = 安全係數 $= \dfrac{5}{3} + \dfrac{3}{8}R - \dfrac{1}{8}R^3$，

$$R = \frac{KL/r}{C_c} \qquad 0 < R \le 1 \tag{4-13}$$

當 R = 1，F.S. = 1.92（此為上限值）；R = 0，F.S. = 1.67（此為下限值）。

2. 當柱之細長比大於 C_c 時，會發生彈性挫屈，此時的容許壓應力為：

$$F_a = \frac{\pi^2 E}{\text{F.S.}\left(\dfrac{KL}{r}\right)^2} \ （此式與 F_y 無關） \tag{4-14}$$

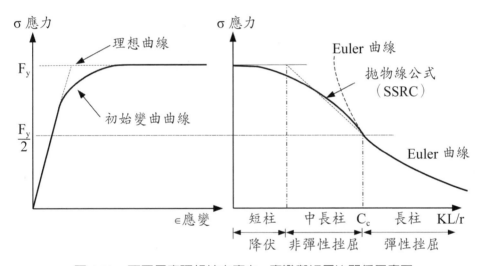

圖 4-11　不同長度理想柱之應力 - 應變與細長比關係示意圖

二、切線模數及雙模數理論

　　1889 年 Engesser 證明 Euler 的彈性挫屈公式可以準確的推估細長柱的挫屈強度，但對於短柱及中長柱卻會有相當大的差異。針對中長柱情形，當柱發生挫屈時，斷面上的應力 F_{cr} 已超過降伏應力 F_y，亦即材料已進入

非彈性的塑性階段。因此需使用如圖 4-12 所示的「切線模數 E_t」來替代 Euler 公式中所用的彈性模數 E，以適當的反應材料進入非彈性狀態的真實行爲。使用切線模數（tangent modulus）理論修正的理想柱非彈性臨界挫屈應力爲：

$$F_{cr} = \frac{\pi^2 E_t}{(L/r)^2} \tag{4-15}$$

同樣在 1889 年，Considre 提出一項新的非彈性模數理論，他認爲當柱發生挫屈時，彎曲部分的外側因爲有拉應力存在，其應變可由非彈性回復到彈性狀態，而彎曲部分的內側仍然爲非彈性狀態。因此他建議理想柱的挫屈公式應同時包含彈性模數 E 及非彈性模數的響。他以一個「折減模數 E_r」來代替 Euler 公式中所用的彈性模數 E，如公式（4-16）所示。此種方法稱爲雙模數法（double modulus method）或折減模數法（reduced modulus method）。

$$F_{cr} = \frac{\pi^2 E_r}{(L/r)^2} \tag{4-16}$$

$$E_r = \frac{E_t I_1 + E I_2}{I} \tag{4-17}$$

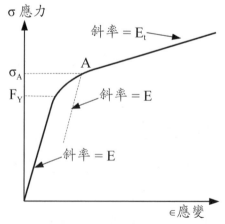

圖 4-12　切線模數示意圖

其中 I 為全斷面之慣性矩，I_1 為斷面加壓側（應變繼續增加）之慣性矩，I_2 為斷面解壓側（應變減少）之慣性矩。

三、柱之局部挫屈

除了鋼板之外，其餘的鋼構件都由多數扁平的板狀元件所組成，這些板狀元件吾人稱為肢件。若構件承受壓力尚未產生整體挫屈之前，板狀元件已產生挫屈（凹凸或波浪狀的變形），這種現象就稱為局部挫屈。一般的鋼板分為三類：厚板、薄板及薄膜，因為鋼構件多由薄的鋼板所組成，故鋼結構中通常只考慮薄板，以下所提之鋼板即指薄鋼板。

如同 Euler 的整體彈性挫屈公式一般，吾人亦可由彈性力學的概念求得薄板的彈性挫屈公式：

$$F_{cr} = \frac{K_p \pi^2 E}{12(1 - \mu^2)(b/t)^2} \tag{4-18}$$

其中 F_{cr} 為鋼板的彈性臨界挫屈應力，K_p 為鋼板的挫屈係數，μ 為鋼材的柏松比 = 0.3，b/t 為鋼板的寬厚比。鋼板寬厚比（b/t）的性質就如同柱整體挫屈公式中的細長比（L/r），薄鋼板的（b/t）值愈大，其臨界挫屈應力 F_{cr} 就愈小，亦即愈容易發生局部挫屈。與邊界束制有關，當鋼板的邊界束制愈強，K_p 愈大，F_{cr} 就愈大。此與柱的有效長度係數 K 相似，都是邊界束制愈強，F_{cr} 就愈大，但 K_p 是在分子，而有效長度係數 K 則是在分母，其值愈小，會使 F_{cr} 愈大。

四、加勁肢及非加勁肢

在鋼結構中，吾人將肢件的板狀元件依其邊界條件，分為「加勁肢」及「非加勁肢」，加勁肢就是板狀元件的兩側都與其他元件連接，形成邊界條件束制較強的狀態（如圖 4-13），因此可提高臨界挫屈應力 F_{cr}，較不容易發生挫屈；相反的，非加勁肢就是板狀元件的側邊未與其他元件連

接，形成邊界條件束制較弱的狀態（如圖 4-13），因此臨界挫屈應力 F_{cr} 較低，也較容易發生挫屈。

為了讓構件斷面上各肢件具有相同的臨界降伏應力 F_{cr}，以免提早發生局部挫屈，規範希望加勁肢及非加勁肢具有相同的強度。因此，要提高臨界挫屈應力 F_{cr} 的方法有：

1. 改變肢件的邊界束制條件，讓板狀元件的挫屈係數 K_p 提高。

2. 降低肢件的寬厚比（b/t）。

為了避免肢件的局部挫屈，規範要求各肢件的強度要比整體構件挫屈的強度要大，亦即：

$$肢件\ F_{cr} \geq 整體\ F_{cr}$$

整體的 F_{cr} 就是全斷面的降伏狀態，即 $F_{cr} = F_y$，如此就可以反求肢件的容許寬厚比。

$$肢件\ F_{cr} = \frac{K_p\pi^2 E}{12(1 - \mu^2)(b/t)^2} \geq F_y \tag{4-19}$$

$$容許寬厚比 b/t \leq \sqrt{\frac{K_p\pi^2 E}{12(1 - \mu^2)F_y}} \tag{4-20}$$

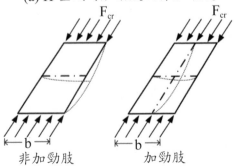

板狀元件 1、2、3 及 4：有一側未連接，為非加勁肢

板狀元件 5：二側均有連接，為加勁肢

(a) H 型鋼的加勁肢及非加勁肢

(b) 非加勁肢及加勁肢挫屈形狀

圖 4-13　型鋼加勁肢及非加勁肢示意圖

五、型鋼斷面之結實性

型鋼斷面的結實性會影響梁及柱的極限狀態，如果斷面的結實性不夠，梁及柱就可能發生局部挫屈，我國容許應力法對受壓構件之寬厚比所做的限制如表 4-2 所示。規範依肢件寬厚比的大小，將構件斷面分成四類：塑性斷面、結實斷面、半結實斷面及細長肢斷面，茲分述如下：

1. 塑性斷面（$b/t \leq \lambda_{pd}$）：就是鋼結構中強度最大的斷面，全由符合規範的粗狀肢件所組合而成，能承受最大的作用力及變形量。

2. 結實斷面（$\lambda_{pd} < b/t \leq \lambda_p$）：就是具有相當結實的斷面，由較粗狀的肢件所組成，在整體柱強度發展到極限強度之前，斷面上的肢件不會發生局部挫屈，能承受較大的作用力，並容許產生較大的變形。

3. 半結實斷面 ($\lambda_p < b/t \leq \lambda_r$)：就是斷面的結實性不如結實斷面，屬於延展性不足的斷面，在整體柱強度發展到極限強度之前，斷面上的肢件已發生局部挫屈。

4. 細長肢斷面 $\lambda_r < b/t$：就是結實性最弱的斷面，細長肢的部分肢件無法達到降伏狀態，在承受壓力時部分肢件會產生彈性挫屈，進而降低整體彎曲挫屈的強度，在設計時絕對要避免使用這種斷面。

表 4-2　我國容許應力法對受壓肢之寬厚比限制（$F_y：tf/cm^2$）

構　　材		寬厚比	寬厚比限制		
			λ_{pd}	λ_p	λ_r
非加勁肢材	受撓曲之熱軋 I 型梁和槽形鋼之翼板	b/t	$14/\sqrt{F_y}$	$17/\sqrt{F_y}$	$25/\sqrt{F_y}$
	受撓曲之 I 型混合梁和銲接梁之翼板 [a]	b/t	$14/\sqrt{F_y}$	$17/\sqrt{F_y}$	$25/\sqrt{F_y/k_c}$ [b]
	受純壓力 I 型斷面之翼板，受壓桿件之突肢，雙角鋼之突肢，受純壓力槽形鋼之翼板	b/t	$14/\sqrt{F_y}$	$16/\sqrt{F_y}$	$25/\sqrt{F_y}$

構　　　材		寬厚比	寬厚比限制		
			λ_{pd}	λ_{p}	λ_{r}
	受純壓力組合斷面之翼板	b/t	$14/\sqrt{F_y}$	$16/\sqrt{F_y}$	$25/\sqrt{F_y/k_c}$ [b]
	單角鋼支撐或有隔墊之雙角鋼支撐之突肢；未加勁構件（即僅沿單邊有支撐）	b/t	$14/\sqrt{F_y}$	$16/\sqrt{F_y}$	$20/\sqrt{F_y}$
	T型鋼之腹板	d/t	$14/\sqrt{F_y}$	$16/\sqrt{F_y}$	$34/\sqrt{F_y}$
	圓形中空斷面受撓曲	D/t	$90/F_y$	$145/F_y$	$630/F_y$
加勁肢材	矩形或方形中空斷面等厚度之翼板受撓曲或壓力，翼板之蓋板及兩邊有連續螺栓或銲接之膈板	b/t	$30/\sqrt{F_y}$	$50/\sqrt{F_y}$	$63/\sqrt{F_y}$
	全滲透銲組合箱型柱等厚度之翼板受撓曲或壓力	b/t	$45/\sqrt{F_y}$	$50/\sqrt{F_y}$	$63/\sqrt{F_y}$
	半滲透銲組合箱型柱等厚度之翼板受撓曲或純壓力	b/t	不適用	$43/\sqrt{F_y}$	$63/\sqrt{F_y}$
	受撓曲壓應力之腹板 [a]	h/t$_w$	$138/\sqrt{F_y}$	$170/\sqrt{F_y}$	$260/\sqrt{F_y}$
	受撓曲及壓力之腹板	h/t$_w$	當 $f_a/F_y \leq 0.16$ $\frac{138}{\sqrt{F_y}}\left[1-3.17\frac{f_a}{F_y}\right]$ 當 $f_a/F_y > 0.16$ $68/\sqrt{F_y}$	當 $f_a/F_y \leq 0.16$ $\frac{170}{\sqrt{F_y}}\left[1-3.74\frac{f_a}{F_y}\right]$ 當 $f_a/F_y > 0.16$ $68/\sqrt{F_y}$	$260/\sqrt{F_y}$
	其他兩端有支撐且受均勻應力之肢材	b/t h/t$_w$	不適用	不適用	$68/\sqrt{F_y}$
	圓形中空斷面受軸壓力	D/t	$90/F_y$	$145/F_y$	$232/F_y$
	圓形中空斷面受撓曲	D/t	$90/F_y$	$145/F_y$	$630/F_y$

[a] 混合斷面，取翼板之 F_y
[b] $k_c = 4.05/[(h/t)^{0.46}]$ 當 h/t > 70，$k_c = 1.0$ 當 h/t ≤ 70

4.4 細長肢壓力構件之容許強度及分析設計

一、細長肢壓力構件之強度規定

如前所述，細長肢斷面就是在柱整體彎曲彈性挫屈之前，已發生局部的肢件挫屈，進而造成整體彎曲彈性挫屈的強度不如預期，因此規範規定應予以修正。就是在設計及分析時，將細長肢斷面的容許應力或標稱挫屈應力乘以折減係數，其定義為：

$$Q = Q_a Q_s \qquad (4\text{-}21)$$

其中 Q_a = 加勁肢的折減係數 Q_s = 非加勁肢的折減係數。

1. 當斷面全由非加勁肢組成時，如角鋼或 T 型鋼，$Q = Q_s$，此時 $Q_a = 1.0$。

2. 當斷面全由加勁肢組成時，如方管或圓管，$Q = Q_a$，此時 $Q_s = 1.0$。

3. 當斷面由加勁肢及非加勁肢共同組成時，如 H 型鋼，$Q = Q_a Q_s$。

由於規範對於本單元內容之規定頗為繁雜，限於篇幅，本書僅提供我國規範中對加勁肢及非加勁肢各一種的規定供讀者參考，其餘的規定請參閱規範或其他書籍。

1. 單角鋼之非加勁肢：(F_y：tf/cm^2)

$$當\ b/t \leq \frac{20}{\sqrt{F_y}}，Q_s = 1.0 \qquad (4\text{-}22)$$

$$當 \frac{20}{\sqrt{F_y}} < b/t \leq \frac{40}{\sqrt{F_y}}，Q_s = 1.34 - 0.017(b/t)\sqrt{F_y} \qquad (4\text{-}23)$$

$$當\ b/t \geq \frac{40}{\sqrt{F_y}}，Q_s = \frac{1100}{F_y\left(\dfrac{b}{t}\right)^2} \qquad (4\text{-}24)$$

2. 承受軸向載重之圓管：$(F_y：tf/cm^2)$

$$\frac{232}{F_y} < \frac{D}{t} \leq \frac{914}{F_y}，Q_a = \frac{77}{F_y\left(\dfrac{D}{t}\right)} + \frac{2}{3} \tag{4-25}$$

其中 D 為鋼管之外徑（cm），t 為鋼管之壁厚（cm）。

二、細長肢壓力構件之分析設計

（一）細長肢壓力構件之分析

1. 斷面全為細長非加勁肢的分析：本項之分析不需要試誤，直接由相關表格查出規範公式進行非加勁肢折減係數 Q_s 之計算，並計算局部挫屈折減的柱強度。

2. 斷面全為細長加勁肢的分析：本項之分析需要試誤，在容許應力法中一般先假設公式中內含的應力 f 值（如 $0.4F_y$），代入公式中計算有效寬度，再求有效面積及加勁肢折減係數 Q_a；之後計算局部挫屈折減的柱強度，並以重複迭代法求取最終的 Q_a 值。

3. 斷面中同時存在非加勁肢及加勁肢的分析：在容許應力法中，吾人先求出無折減的軸壓強度 F_a，並假設 $f_1 = Q_sF_a$，代入公式中計算有效寬度，再求有效面積及加勁肢折減係數 Q_{a1}；令 $Q_1 = Q_sQ_{a1}$，並以重複迭代法求得 F_a 與 f 相近之值。

（二）細長肢壓力構件之 ASD 設計

在確定 Q 值後，就可將柱設計公式中的 F_y 一律改成 QF_y 代入計算。

1. 首先將公式（4-11）中之臨界細長比 C_c 修正為折減後之 C'_c：

$$C'_c = \sqrt{\frac{2\pi^2 E}{QF_y}} \tag{4-26}$$

2. 求解局部挫屈折減後之容許應力 F_a：

⑴ 非彈性挫屈 $(L/r)_{max} < C'_c$：

$$F_a = \frac{F_y}{F.S.}\left(1 - \frac{1}{2}R'^2\right) \tag{4-27}$$

$$\text{其中 F.S.} = \frac{5}{3} + \frac{3}{8}R' - \frac{1}{8}R'^3 \text{, } R' = \frac{\dfrac{KL}{r}}{C'_c}$$

(2) 彈性挫屈 $(L/r)_{max} \geq C'_c$：公式（4-14）中無 F_y 項，故不受影響，仍用原式

$$F_a = \frac{\pi^2 E}{\text{F.S.}\left(\dfrac{KL}{r}\right)^2} \qquad (4\text{-}14)$$

4.5 ASD 壓力構件之容許強度及分析

一、ASD 壓力構件之容許標稱強度相關規定

如前所述，Euler 理想柱彈性挫屈公式適用於細長比大於臨界細長比之情形，但學者實際試驗發現，細長比大於臨界細長比之情況下，仍會產生非彈性挫屈。也就是說，在斷面應力還未達到降伏應力時，構件已發生局部挫屈。造成這種現象的主要原因就是構件的殘餘應力。美國柱研究協會（Column Research Council，簡稱 CRC，是 SSRC 的前身）建議採用 $0.5F_y$ 作為最大的殘餘應力值，因此比例限度 F_p = 降伏應力 F_y − 殘餘應力 $0.5F_y$ = $0.5F_y$。ASD 即以 $0.5F_y$ 視為非彈性挫屈與彈性挫屈之分界點，$F_{cr} > 0.5F_y$ 時為非彈性挫屈，$F_{cr} \leq 0.5F_y$ 時為彈性挫屈。

如圖 4-11 所示，$F_{cr} = 0.5F_y$ 所對應的細長比，即為臨界細長比 C_c，亦即：

$$C_c = \sqrt{\frac{2\pi^2 E}{F_y}} \qquad 同（4\text{-}11）$$

非彈性挫屈的標稱應力強度 F_{cr} 為：

$$F_{cr} = \left(1 - \frac{R^2}{2}\right)F_y \qquad (4\text{-}28)$$

除了殘餘應力外，鋼柱的設計仍需考慮初始彎曲的影響，當柱愈長時，初始彎曲的影響愈大，因此規範對較長的柱使用較大的安全係數

1.92；對於短柱則使用基本的安全係數 1.67。ASD 規定柱非彈性挫屈的容許應力 $F_a =$ 標稱應力強度 F_{cr} 除以安全係數 F.S.：

$$F_a = \frac{F_{cr}}{F.S.} = \frac{F_y}{F.S.}\left(1 - \frac{1}{2}R^2\right) \qquad \text{同（4-12）}$$

其中 F.S. $= \frac{5}{3} + \frac{3}{8}R - \frac{1}{8}R^3$。

ASD 對柱彈性挫屈的標稱應力強度 F_{cr} 規定如公式（4-12），其中安全係數 F.S. $= \frac{23}{12} = 1.92$，其容許應力 $F_a =$ 標稱應力強度 F_{cr} 除以安全係數 F.S.：

$$F_a = \frac{F_{cr}}{F.S.} = \frac{12\pi^2 E}{23\left(\frac{KL}{r}\right)^2} \qquad (4\text{-}29)$$

二、ASD 壓力構件之分析步驟

ASD 壓力構件分析之目的在於求得容許軸壓作用力值 P_a，進一步與工作軸壓作用力 P 作比較，藉以判斷構件的安全性，我國壓力構件分析的內容主要是參考 ASD 作法。

對於柱非彈性挫屈，容許軸壓作用力值 P_a：

$$P_a = \left[\frac{\left(1 - \frac{R^2}{2}\right)F_y}{\frac{5}{3} + \frac{3R}{8} - \frac{R^3}{8}}\right]A_g \qquad (4\text{-}30)$$

對於柱彈性挫屈，容許軸壓作用力值 P_a：

$$P_a = \left[\frac{12\pi^2 E}{23\left(\frac{KL}{r}\right)^2}\right]A_g \qquad (4\text{-}31)$$

ASD 壓力構件分析之作業流程如圖 4-14 所示。

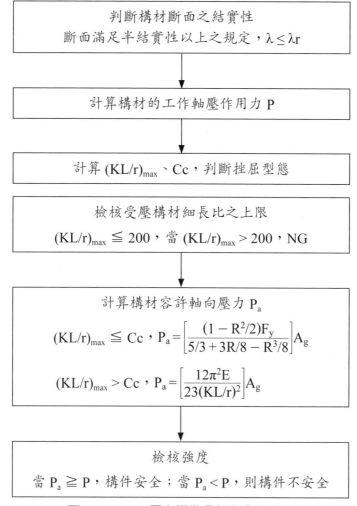

判斷構材斷面之結實性
斷面滿足半結實性以上之規定，$\lambda \leq \lambda r$

計算構材的工作軸壓作用力 P

計算 $(KL/r)_{max}$、Cc，判斷挫屈型態

檢核受壓構材細長比之上限
$(KL/r)_{max} \leq 200$，當 $(KL/r)_{max} > 200$，NG

計算構材容許軸向壓力 P_a

$(KL/r)_{max} \leq Cc$，$P_a = \left[\dfrac{(1 - R^2/2)F_y}{5/3 + 3R/8 - R^3/8}\right]A_g$

$(KL/r)_{max} > Cc$，$P_a = \left[\dfrac{12\pi^2 E}{23(KL/r)^2}\right]A_g$

檢核強度
當 $P_a \geq P$，構件安全；當 $P_a < P$，則構件不安全

圖 4-14　ASD 壓力構件分析作業流程圖

【例題 4-2】如圖 4-15，有一剛柱長度 9 公尺，軸心承受壓力靜載重 20tf 及活載重 55tf，兩端的強軸及弱軸均為鉸接支承，在鋼柱一半的高度位置，弱軸有側向支承，假設彈性模數 E = 2040tf/cm²，F_y = 2.5tf/cm²。選用結實斷面的寬翼型鋼，斷面積 A = 77cm²，r_x = 10.16cm，r_y = 5.38cm，試依據我國容許應力法設計規範，檢核此鋼

柱是否滿足規範要求？

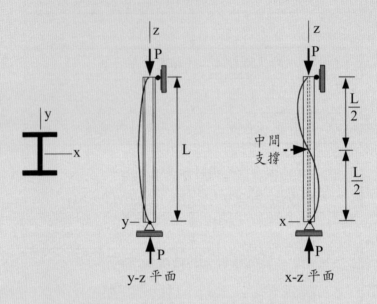

圖 4-15 【例題 4-2】之鋼柱受力示意圖

解：

1.判斷鋼柱之結實性：因選用的是結實斷面，故滿足結實性。

2.計算鋼柱之工作軸壓作用力：$P = P_D + P_L = 20 + 55 = 75tf$。

3.計算構件之最大細長比 $(L/r)_{max}$ 及 C_c，判斷挫屈型態：

y-z 平面上繞 x 軸彎曲，有效長度係數 $K_x = 1.0$，$(L/r)_x = \dfrac{(1.0)(900)}{10.16}$

$= 88.58$

x-z 平面上繞 y 軸彎曲，有效長度係數 $K_y = 1.0$，$(L/r)_y = \dfrac{(1.0)(450)}{5.38}$

$= 83.64$

$(L/r)_{max} = (L/r)_x = 88.58 \leq 200$

$$C_c = \sqrt{\frac{2\pi^2 E}{F_y}} = \sqrt{\frac{2\pi^2(2040)}{2.5}} = 126.91 > 88.58 = (L/r)_{max}，屬於非彈性$$

挫屈。

4. 計算鋼柱之容許軸向壓力：

$$R = (L/r)_{max}/C_c = 88.58/126.91 = 0.698$$

$$P_a = \left[\frac{\left(1 - \frac{R^2}{2}\right)F_y}{\frac{5}{3} + \frac{3R}{8} - \frac{R^3}{8}}\right]A_g = \left[\frac{\left(1 - \frac{0.698^2}{2}\right)(2.5)}{\frac{5}{3} + \frac{3}{8}(0.698) - \frac{1}{8}(0.698)^3}\right]77 = 77.23\text{tf}$$

5. 檢核構件強度：

$$P_a = 77.23\text{tf} > 75\text{tf} = P，鋼柱安全。$$

4.6 ASD 壓力構件之設計

　　如同拉力構件設計工作一樣，通常在開始設計工作時還不知道構件的尺寸，也不知道斷面積有多大，由公式（4-29）可知構件之迴轉半徑及斷面積亦會影響容許應力的大小。一般事先只知道結構物所在的位置，該地區的震區係數多大、空間作何用途，靜載重和活載重可能會多大等，但可以先選擇採用哪一類的型鋼、邊界條件型式、接合方式是用螺栓還是焊接，並選擇試用斷面進行初步分析檢核強度後，再回饋到前面的步驟進行試誤迭代計算。通常用於柱體的斷面多為 H 型鋼、圓型及方型鋼管等，為方便使用，有些規範針對不同斷面的細長比，計算出對應的容許軸壓作用力，並製成圖表供設計者直接查找，這種設計方法稱「查表法」；如果設計者所選用的斷面不在圖表內時，就得採用「試誤法」。圖 4-16 為 ASD 壓力構件設計試誤法的作業流程，而我國壓力構件設計的內容主要是參考 ASD 作法。

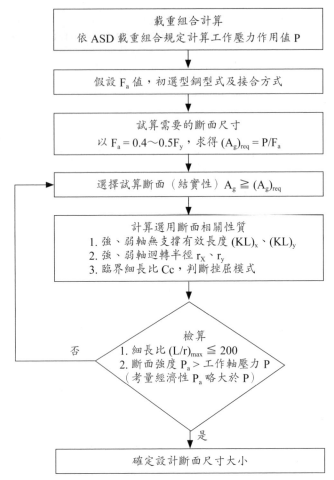

圖 4-16 ASD 壓力構件設計作業流程圖

【例題 4-3】有一 5m 長的鋼柱（SN400B 等級，$F_y = 2.4 \text{tf/cm}^2$），上下
端均為鉸接並有側向支撐（假設為結實斷面），承受工作軸壓作用力
靜載重 44tf、活載重 46tf，假設 y 軸為弱軸，試以我國容許應力法設
計鋼柱之經濟斷面尺寸。

　　解：

型鋼編號及尺寸	A_g	r_y
① H350×250×8×12	86.20	5.99
② H250×250×9×14	91.43	6.32
③ H450×200×9×14	95.43	4.43
④ H350×250×9×14	99.53	6.06

工作軸壓作用力 $P = P_D + P_L = 44 + 46 = 90tf$，

假設 $F_a = 0.45F_y = 0.45 \times 2.4 = 1.08tf/cm^2$

需要之斷面積 $(A_g)_{req} = P/Fa = 90/1.08 = 83.33cm^2$

試用 $H350 \times 250 \times 8 \times 12$，$A_g = 86.20cm^2 \geq 83.33cm^2$，$r_y = 5.99$

$KL/r_y = 500/5.99 = 83.47 \leq 200$

$C_c = \sqrt{\dfrac{2\pi^2 E}{F_y}} = \sqrt{\dfrac{2\pi^2(2040)}{2.4}} = 129.53 > 83.47 = (KL/r)_y$，屬於非彈性

挫屈，

$R = (KL/r)_y/C_c = 83.47/129.53 = 0.644$

$$F_a = \frac{\left(1 - \dfrac{R^2}{2}\right)F_y}{\dfrac{5}{3} + \dfrac{3R}{8} - \dfrac{R^3}{8}} = \frac{\left(1 - \dfrac{0.644^2}{2}\right)(2.4)}{\dfrac{5}{3} + \dfrac{3}{8}(0.644) - \dfrac{1}{8}(0.644)^3} = 1.015tf/cm^2$$

容許壓力 $P_a = F_a A_g = 1.015 \times 86.2 = 87.49tf < 90tf$　NG

再用 $H250 \times 250 \times 9 \times 14$，$A_g = 91.43cm^2 \geq 83.33cm^2$，$r_y = 6.32$

$KL/r_y = 500/6.32 = 79.11 \leq 200$

$C_c = \sqrt{\dfrac{2\pi^2 E}{F_y}} = \sqrt{\dfrac{2\pi^2(2040)}{2.4}} = 129.53 > 79.11 = (KL/r)_y$，屬於非彈性

挫屈

$$R = \frac{\left(\dfrac{KL}{r}\right)_y}{C_c} = \frac{79.11}{129.53} = 0.611$$

$$F_a = \frac{\left(1 - \frac{R^2}{2}\right)F_y}{\frac{5}{3} + \frac{3R}{8} - \frac{R^3}{8}} = \frac{\left(1 - \frac{0.611^2}{2}\right)(2.4)}{\frac{5}{3} + \frac{3}{8}(0.611) - \frac{1}{8}(0.611)^3} = 1.045 \text{tf/cm}^2$$

容許壓力 $P_a = F_a A_g = 1.045 \times 91.43 = 95.54 \text{tf} > 90 \text{tf}$　OK

故選用 H250×250×9×14 型鋼。

4.7 LRFD 壓力構件之極限強度及分析

一、LRFD 壓力構件標稱強度相關規定

ASD 以 $0.5F_y$ 視為非彈性挫屈與彈性挫屈之分界點，具有殘餘應力之 $F_{cr} = 0.5F_y$ 所對應的細長比就是臨界細長比 C_c。不同的是，LRFD 採用的是細長比參數 λ_c。λ_c 是一個無因次的參數，定義為：

$$\lambda_c = \frac{\text{構件細長比} \dfrac{KL}{r}}{\text{殘餘應力為零的構件細長比}\left(\dfrac{KL}{r}\right)_c} = \frac{KL}{r}\sqrt{\frac{F_y}{\pi^2 E}} \qquad (4\text{-}32)$$

LRFD 考慮殘餘應力與初始彎曲的影響，設定 $\lambda_c = 1.5$ 為彈性挫屈與非彈性挫屈的分界點（如圖 4-17 所示），當 $\lambda_c > 1.5$ 時，構件產生彈性挫屈；當 $\lambda_c \leq 1.5$ 時，構件產生非彈性挫屈。接著計算強軸及弱軸的細長比，取較大的細長比作為強度分析的依據，再以較大的細長比來計算最細長比參數 $(\lambda_c)_{max}$：

$$(\lambda_c)_{max} = \left(\frac{KL}{r}\right)_{max}\sqrt{\frac{F_y}{\pi^2 E}} \qquad (4\text{-}33)$$

LRFD 規定柱度折減係數 ϕ_c，對於非彈性挫屈（$\lambda_c \leq 1.5$）及彈性挫屈（$\lambda_c > 1.5$）標稱應力的強度規定如下：

1. 當 $\lambda_c \leq 1.5$ 柱非彈性挫屈時的標稱應力強度、標稱軸壓力及設計軸

壓力如下：

$$F_{cr} = (e^{-0.419\lambda_c^2}F_y) = (0.658^{\lambda_c^2}F_y) \qquad (4\text{-}34)$$

$$P_n = (e^{-0.419\lambda_c^2}F_y)A_g = (0.658^{\lambda_c^2}F_y)A_g \qquad (4\text{-}35)$$

$$\phi_c P_n = 0.85(e^{-0.419\lambda_c^2}F_y)A_g = 0.85(0.658^{\lambda_c^2}F_y)A_g \qquad (4\text{-}36)$$

2. 當 $\lambda_c > 1.5$ 柱彈性挫屈時的標稱應力強度、標稱軸壓力及設計軸壓力如下：

$$F_{cr} = \left(\frac{0.877}{\lambda_c^2}F_y\right) \qquad (4\text{-}37)$$

$$P_n = \left(\frac{0.877}{\lambda_c^2}F_y\right)A_g \qquad (4\text{-}38)$$

$$\phi_c P_n = 0.85\left(\frac{0.877}{\lambda_c^2}F_y\right)A_g \qquad (4\text{-}39)$$

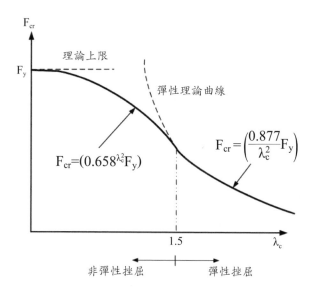

圖 4-17　LRFD 柱彈性挫屈及非彈性挫屈曲線示意圖

二、LRFD 壓力構件之分析步驟

　　LRFD 壓力構件的分析主要得設計壓力值 $\phi_c P_n$，進一步與外加作用之係數化壓力值（P_u）作比較，以判斷桿件是否安全，LRFD 壓力構件之分析步驟如圖 4-18 所示，而我國壓力構件極限設計的內容主要是參考 LRFD 作法。

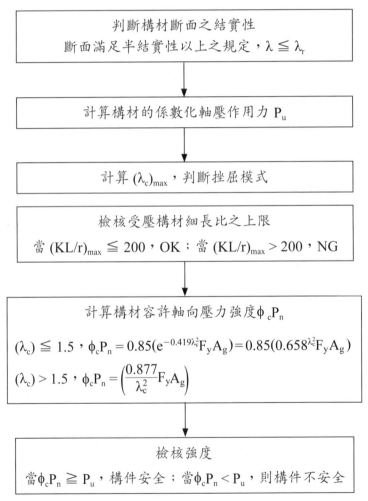

圖 4-18　LRFD 壓力構件分析作業流程圖

4.8 LRFD 壓力構件之設計

　　如同拉力構件設計工作一樣，通常在開始設計工作時還不知道構件的尺寸，也不知道斷面積有多大，由公式（4-32）及（4-33）可知構件之迴轉半徑及斷面積亦會影響設計壓力強度的大小。一般事先只知道結構物所在的位置，該地區的震區係數多大、空間作何用途，靜載重和活載重可能會多大等等，但可以先選擇採用哪一類的型鋼、邊界條件型式、接合方式是用螺栓還是焊接，並選擇試用斷面進行初步分析檢核強度後，再回饋到前面的步驟進行試誤迭代計算。通常用於柱體的斷面多為 H 型鋼、圓型及方型鋼管等，設計時可用「查表法」進行相關作業；如果設計者所選用的斷面不在圖表內時，就得採用「試誤法」。圖 4-19 為 LRFD 壓力構件設計試誤法的作業流程，而我國壓力構件極限設計的內容主要是參考 LRFD 作法。

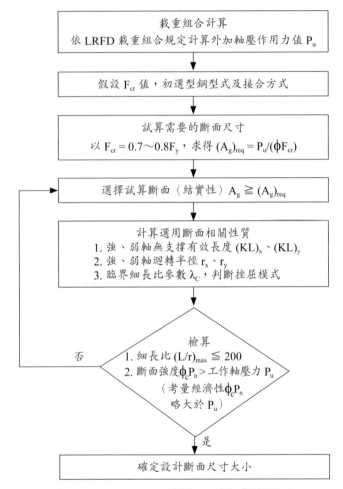

圖 4-19 LRFD 壓力構件設計作業流程圖

【例題 4-3】有一 5m 長的鋼柱（SN400B 等級，$F_y = 2.4tf/cm^2$），上下端均為鉸接並有側向支撐（假設為結實斷面），承受外加軸壓作用力靜載重 44tf、活載重 46tf，試以我國極限設計規範設計鋼柱之經濟斷面尺寸。

解：

型鋼編號及尺寸	A_g	r_x	r_y
① H350×250×8×12	86.20	14.49	5.99
② H250×250×9×14	91.43	10.82	6.32
③ H450×200×9×14	95.43	18.57	4.43
④ H350×250×9×14	99.53	14.59	6.06

係數化軸壓作用力 $P_u = 1.2P_D + 1.6P_L = 1.2×44 + 1.6×46 = 126.4tf$，

$\phi_c = 0.85$

假設 $F_{cr} = 0.75F_y = 0.75×2.4 = 1.80tf/cm^2$

需要之斷面積 $(A_g)_{req} = P_u/(\phi_c F_{cr}) = 126.4/(0.85×1.8) = 82.6cm^2$

試用 H350×250×8×12，$A_g = 86.20cm^2 \geq 82.6cm^2$，$r_y = 5.99$

$(KL/r)_{max} = KL/r_y = 500/5.99 = 83.47 \leq 200$

$\lambda_c = \left(\dfrac{KL}{r}\right)_{max}\sqrt{\dfrac{F_y}{\pi^2 E}} = 83.47\sqrt{\dfrac{2.4}{\pi^2(2040)}} = 0.91 \leq 1.5$，屬於非彈性挫屈

$F_{cr}=(0.658^{\lambda_c^2}F_y) = (0.658^{0.91^2}×2.4) = 0.707×2.4 = 1.697tf/cm^2$

$\phi_c P_n = 0.85(0.658^{\lambda_c^2}F_y)A_g = 0.85×1.697×86.20 = 124.34tf$

設計壓力強度 $\phi_c P_n = 124.34tf < 126.40tf$　NG

再試 H250×250×9×14，$A_g = 91.43cm^2 \geq 82.6cm^2$，$r_y = 6.32$

$(KL/r)_{max} = KL/r_y = 500/6.32 = 79.11 \leq 200$

$\lambda_c = \left(\dfrac{KL}{r}\right)_{max}\sqrt{\dfrac{F_y}{\pi^2 E}} = 79.11\sqrt{\dfrac{2.4}{\pi^2(2040)}} = 0.86 \leq 1.5$，屬於非彈性挫屈，

$F_{cr}=(0.658^{\lambda^2}F_y) = (0.658^{0.86^2}×2.4) = 0.734×2.4 = 1.761tf/cm^2$

$\phi_c P_n = 0.85(0.658^{\lambda^2}F_y)A_g = 0.85×1.761×91.43 = 136.86tf$

設計壓力強度 $\phi_c P_n = 136.86tf > 126.40tf = $ 組合（係數化）軸壓力　OK

故選用 H250×250×9×14 型鋼。

4.9 柱基板之設計

柱基板的功能是將上方柱的軸向載重，以較大的面積平均分布在下方的混凝土基座上（如圖 4-20），以防止混凝土承受過大的壓應力而破壞。AISC 及我國規範中只規定混凝土的承壓強度，對基板的設計並無明確的規定，工程界一般以 AISC 的設計手冊及設計指南所提供的設計程序做依據。常用的方式有懸臂理論臨界斷面及降伏線理論臨界斷面，鋼柱基板受力及相關尺寸如圖 4-21 所示。

圖 4-20　鋼結構柱構件基板照片

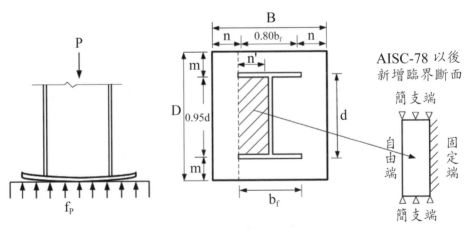

圖 4-21　軸向載重柱基板示意圖

1. 臨界斷面：

　⑴ m 及 n 為距離基板邊緣的懸臂板長度：

$$m = \frac{1}{2}(D - 0.95d) \tag{4-40}$$

$$n = \frac{1}{2}(B - 0.80b_f) \tag{4-41}$$

　⑵ 當 m 及 n 很小時，除了以上二個臨界斷面外，AISC-78 規定柱
　　腹板面上的第三臨界斷面，此時基板無捲曲之趨勢，可視為雙
　　向板行為，其等值懸臂板 n'：

$$n' = \frac{b_f - t_w}{2}\sqrt{\frac{1}{1 + 3.2\alpha^3}} \tag{4-42}$$

　　其中 $\alpha = \dfrac{短邊}{長邊} = \dfrac{b_f - t_w}{2(d - 2t_w)}$

2. 容許支承壓應力 F_p：

　⑴ 建築技術規則

　　　① 支承於水泥砂漿砌磚上：$F_p = 18\,kgf/cm^2$

　　　② 支承於混凝土全面積上：$F_p = 0.25f'_c$

　　　③ 支承於 1/3 混凝土面積上：$F_p = 0.375f'_c$

　⑵ AISC-78 規範

　　　① 支承於水泥砂漿砌磚上：$F_p = 18\,kgf/cm^2$

　　　② 支承於混凝土全面積上：$F_p = 0.35f'_c$

　　　③ 支承於部份混凝土面積上：$F_p = 0.35f'_c\sqrt{\dfrac{A_2}{A_1}} \leq 0.70f'_c$

3. 最經濟斷面：

$$f_p = \frac{P}{A_1} \leq F_p = 0.35f'_c\sqrt{\frac{A_2}{A_1}} \leq 0.70f'_c \tag{4-43}$$

　上式乘以 $A_1/0.35f'_c$ 後在等號兩邊予以平方可得

$$\left(\frac{P}{0.35f'_c}\right)^2 \leq A_1A_2 \leq 4A_1^2 \tag{4-44}$$

(1) 由式（4-44）1 及 2 項得$A_1 \geq \dfrac{1}{A_2}\left(\dfrac{P}{0.35f_c'}\right)^2$ $\hspace{2em}$ （4-45）

(2) 由式（4-44）1 及 3 項得$A_1 \geq \dfrac{P}{0.70f_c'}$ $\hspace{3em}$ （4-46）

(3) 在已知混凝土基座面積 A_2 時，由（4-45）及（4-46）中取較大值可得基板面積 A_1 最小值。最經濟斷面爲 m＝n 時，即

$$\frac{1}{2}(D - 0.95d) = \frac{1}{2}(B - 0.80b_f)$$

$$D = \frac{A_1}{D} - 0.80b_f + 0.95d$$

$$D^2 - (0.95d - 0.80b_f)D - A_1 = 0$$

$$解得 D \cong \sqrt{A_1} + \frac{1}{2}(0.95d - 0.80b_f) \hspace{2em} （4\text{-}47）$$

(4) 所需基板之厚度 t

令 $a = \max(m, n, n')$，由 $\dfrac{1}{2}f_p a^2 = F_b S = F_b \dfrac{t^2}{6}$，可解得

$$t = \sqrt{\frac{3f_p a^2}{F_b}} = \sqrt{\frac{4f_p a^2}{F_y}} = 2a\sqrt{\frac{f_p}{F_y}} \hspace{2em} （4\text{-}48）$$

其中 F_b = 容許彎曲應力 = $0.75F_y$

4. 柱基板之設計步驟：

(1) $A_1 = \max\left[\dfrac{1}{A_2}\left(\dfrac{P}{0.35f_c'}\right)^2, \dfrac{P}{0.70f_c'}\right]$，若 A_2 無限制，則令 $A_1 = \dfrac{P}{0.70f_c'}$

(2) $D = \sqrt{A_1} + \dfrac{1}{2}(0.95d - 0.80b_f)$，$B = \dfrac{A_1}{D}$，得 B×D

(3) 計算支承應力 $f_p = \dfrac{P}{B \times D} \leq F_P$

(4) 計算 $m = \dfrac{1}{2}(D - 0.95d)$、$n = \dfrac{1}{2}(B - 0.80b_f)$ 以及

$$n' = \frac{b_f - t_w}{2}\sqrt{\frac{1}{1 + 3.2\alpha^3}}$$

⑸ 令 a = max(m, n, n')，則 $t = \sqrt{\dfrac{3f_p a^2}{F_b}} = 2a\sqrt{\dfrac{f_p}{F_y}}$ ，可得柱基板之尺

　寸 t×B×D。

第五章 梁構件

5.1 梁構件之受力及變形

一、梁構件之種類

在鋼筋混凝土結構及鋼結構中，主要的彎曲構件就是「梁 -beam」
（如圖 5-1a～d 所示），它承受垂直於構件軸向的橫向及側向載重，主要
的強度是抗彎強度及抗剪強度。就構件的邊界條件來說，梁構件主要分
為：(1) 單跨簡支梁，(2) 單跨懸臂梁，(3) 外伸梁，(4) 單跨固接梁，(5) 多
跨連續梁（如圖 5-2a～e）。常見的梁構件斷面形狀有 H 型鋼、T 型鋼、
槽鋼、角鋼、方型管或圓型管等（如圖 5-3 所示）。

圖 5-1a　鋼管型梁構件照片

圖 5-1b　鋼構架系統梁構件照片

圖 5-1c　大跨徑變斷面鋼箱梁照片

圖 5-1d　雙層等斷面鋼箱梁照片

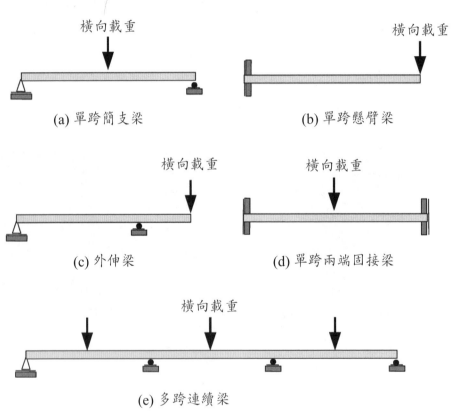

圖 5-2　不同跨度及邊界條件梁構件示意圖

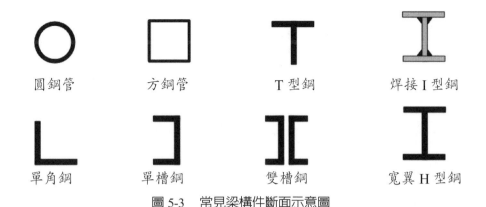

圖 5-3　常見梁構件斷面示意圖

二、梁構件之受力及變形

　　以簡支梁來說，原本是長直的梁構件在承受向下之側向載重後，梁斷面上會有讓構件向下凹陷的彎矩作用，這種彎曲變形會使梁斷面形成一種上層受壓、下層受拉的現象（如圖 5-4）；如果側向載重是向上作用，那彎曲形狀就會相反，梁斷面就是下層受壓、上層受拉。因此，吾人可肯定梁的斷面上必有一個平面既不受拉也不受壓，該平面上的纖維既不伸長也不縮短，亦即該平面上的軸向應力為零、軸向應變也為零。該平面即稱為中性面，而中性軸就是中性面上與梁橫剖面之交線，在均質材料且對稱彎曲的情形下，中性軸即為形心軸。彎矩作用可以右手定則來表示，圖 5-4 中雙箭頭所在的軸線（中性軸）即為彎矩作用軸（大姆指所指的方向），弧線箭頭所指的方向即為彎矩的作用方向（四根小指頭所指的弧形方向）。

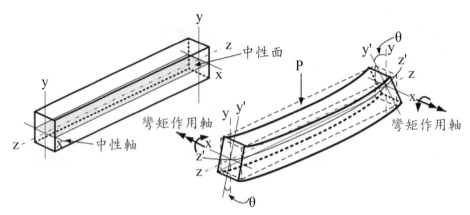

圖 5-4　受彎矩作用梁構件彎曲變形示意圖

　　斷面尺寸若為矩形，形心軸（中性軸）會在一半高度之處；若斷面尺寸為上窄下寬的梯形斷面（如圖 5-5），形心軸通常會在低於一半高度之處，對於上寬下窄的梯形斷面，形心軸通常會在高於一半高度之處，實際的高度可由材料力學的形心公式求得。對稱彎曲是材料力學中很重要的變形行為，因為大多數的梁構件公式都須依循對稱彎曲的假設條件。若斷面至少有一個對稱軸，且彎矩作用在斷面對稱軸之垂直軸線上，亦即彎矩作用軸與對稱軸垂直。梁構件產生彎曲時，中性軸會與彎矩作用軸重合，也就是說，彎曲將繞著彎矩作用軸發生。

　　在對稱彎曲的梁構件上，在橫剖面各點上由彎矩作用所產生的彎曲正向應力為：

$$f_b = \frac{My}{I} \qquad\qquad (5\text{-}1)$$

其中 f_b 為彎曲正向應力，I 為斷面對應中性軸之慣性矩，M 為斷面上作用之彎矩，y 為欲求正向應力之位置與中性軸之垂直距離，離中性軸愈遠的點位，y 值愈大，彎曲正向應力也愈大。最大正向應力將出現在斷面的最外緣（最上緣及最下緣，一緣受壓為負、另一緣即受拉為正）。

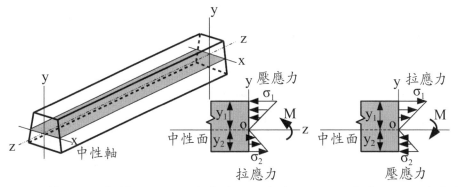

(a) 梯形斷面梁構件 (b) 上緣受壓、下緣受拉 (c) 上緣受拉、下緣受壓

圖 5-5　梯形斷面彎矩方向與拉壓應力關係示意圖

　　如圖 5-5 所示，y_1 表示中性軸至斷面上緣的距離，y_2 表示中性軸至斷面下緣的距離，對應的最大彎曲正向應力分別為：

$$(f_b)_1 = \frac{My_1}{I} = \frac{M}{S_1}, \; S_1 = \frac{I}{y_1} \tag{5-2}$$

$$(f_b)_2 = \frac{My_2}{I} = \frac{M}{S_2}, \; S_2 = \frac{I}{y_2} \tag{5-3}$$

　　其中 S_1、S_2 為斷面模數（section modulus），當斷面為矩形或上下對稱時，$S_1 = S_2$，即 $y_1 = y_2$，中性軸在斷面一半的高度；當斷面不為矩形或上下不對稱時，$S_1 \neq S_2$。除了圓形及正方形斷面外，通常斷面的慣性矩有強弱軸之分，斷面模數也有大小之分，強軸（x—軸）及弱軸（y—軸）之斷面模數分別為：

$$S_x = \frac{I_x}{y_{max}} \tag{5-4}$$

$$S_y = \frac{I_y}{x_{max}} \tag{5-5}$$

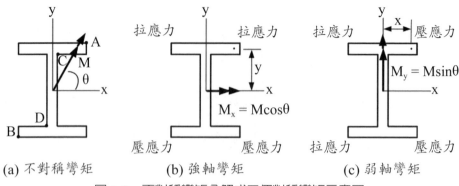

(a) 不對稱彎矩　　　　　(b) 強軸彎矩　　　　　(c) 弱軸彎矩

圖 5-6　不對稱彎矩分解成二個對稱彎矩示意圖

　　對於不對稱彎矩，不能用公式（5-1）直接計算正向應力，但是在材料仍在彈性範圍內，可以將不對稱彎矩分解成 y 及 x 軸之對稱彎矩（如圖 5-6 所示），因此吾人可將二個對稱彎矩作用所產生的正向應力值以疊加方式計算得：

$$f_b = \pm \frac{M_x \cdot y}{I_x} \pm \frac{M_y \cdot x}{I_y} \tag{5-6}$$

【例題 5-1】有一梁斷面採用 H 型鋼，尺寸為 $500 \times 300 \times 11 \times 18$，承受雙軸彎曲彎矩：$M_x = 30\text{tf-m}$（雙箭頭向左，上緣受壓、下緣受拉）、$M_y = 10\text{tf-m}$（雙箭頭向上，右緣受壓、左緣受拉），試分別求梁斷面上翼板、下翼板及腹板之最大彈性彎曲應力。

　解：

　　查表知型鋼斷面性質：$d = 48.8\text{cm}$, $b_f = 30.0\text{cm}$, $t_w = 1.1\text{cm}$, $t_f = 1.8\text{cm}$, $I_x = 68900\text{cm}^4$, $I_y = 8110\text{cm}^4$

　　上下翼板最大 $y = 24.4\text{cm}$，最大 $x = 15.0\text{cm}$，

$$f_b = \frac{M_x \cdot y}{I_x} + \frac{M_y \cdot x}{I_y} = \frac{30 \times 100 \times 24.4}{68900} + \frac{10 \times 100 \times 15.0}{8110}$$

$$= 1.062 + 1.850 = 2.912\text{tf/cm}^2$$

翼板最大受壓彎曲應力在 A 點（如圖 5-6a）、最大受拉彎曲拉應力在 B 點，

腹板最大 y = 24.4 – 1.8 = 22.6cm，最大 x = $\dfrac{1.1}{2}$ = 0.55cm，在翼板與腹板交界。

$$f_b = \frac{M_x \cdot y}{I_x} + \frac{M_y \cdot x}{I_y} = \frac{30 \times 100 \times 22.6}{68900} + \frac{10 \times 100 \times 0.55}{8110}$$

$$= 0.984 + 0.068 = 1.052 \text{tf/cm}^2$$

腹板最大受壓彎曲應力在 C 點、最大受拉彎曲拉應力在 D 點。

5.2 梁斷面之塑性彎矩及形狀因子

一、梁斷面之塑性彎矩

當距離中性軸最遠位置的正向應力剛好達到鋼料的降伏強度 F_y 時，其所對應的斷面彎矩稱為降伏彎矩（yield moment），計算公式為：

$$M_y = \frac{F_y I}{y_{max}} = F_y S, \ S = \frac{I}{y_{max}} \tag{5-7}$$

y_{max} 為中性軸至斷面最遠端的距離，S 為對應的斷面模數。如果斷面形狀是矩形（高寬為 h×b），其強軸及弱軸的降伏彎矩分別為：

$$(M_y)_x = \frac{(bh^3/12)}{(h/2)} F_y = (bh^2/6) F_y = S_x F_y \tag{5-8}$$

$$(M_y)_y = \frac{(hb^3/12)}{(b/2)} F_y = (hb^2/6) F_y = S_y F_y \tag{5-9}$$

降伏彎矩為梁構件彈性與非彈性彎曲的分界點，當 $M \leq M_y$ 時為彈性彎曲，當 $M > M_y$ 時為非彈性彎曲。

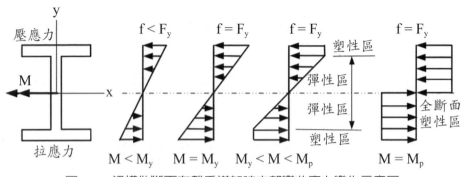

圖 5-7　梁構件斷面在載重增加時內部彎曲應力變化示意圖

　　當梁構件具有足夠的側向支撐，在承受載重逐漸增加時，彎矩作用會由彈性彎矩變爲塑性彎矩，材料斷面內部的彎曲應力會從小於比例限度、經過降伏階段進到塑性階段（如圖 5-7 所示）。當梁構件的斷面達到塑性彎矩強度後，該斷面將不能再承受任何額外的載重，而且該處可以無限旋轉，有如一個鉸接點，吾人稱之爲塑性鉸（plastic hinge）。在一個靜定結構物中，只要產生一個塑性鉸，將變成不穩定結構，形成所謂的崩塌機制（collapse mechanism）。圖 5-8 所示爲單跨兩端固接梁承受均佈載重，由於彈性彎矩作用下兩端彎矩絕對值大於梁中央處彎矩，在均佈載重持續增加時，第 1 塑性鉸會在兩端同時產生，此時梁兩端的彎矩即爲塑性彎矩，而且梁構件形成兩端鉸接型態，兩端彎矩也不會再增加；之後均佈載重再持續增加，第 2 塑性鉸則會在梁中央處產生。值得注意的是，此時梁中央所增加的彎矩值是簡支梁的 $(\Delta w_2 L^2)/8$，而非兩端固接梁的 $(\Delta w_2 L^2)/24$。

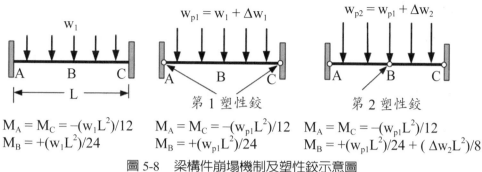

$$M_A = M_C = -(w_1L^2)/12 \qquad M_A = M_C = -(w_{p1}L^2)/12 \qquad M_A = M_C = -(w_{p1}L^2)/12$$
$$M_B = +(w_1L^2)/24 \qquad\quad M_B = +(w_{p1}L^2)/24 \qquad\quad M_B = +(w_{p1}L^2)/24 + (\Delta w_2 L^2)/8$$

圖 5-8　梁構件崩塌機制及塑性鉸示意圖

二、梁斷面之形狀因子

吾人將塑性彎矩與降伏彎矩的比值定義爲形狀因子（shape factor）：

$$f = \frac{M_p}{M_y} = \frac{F_y \cdot Z}{F_y \cdot S} \qquad\qquad （5\text{-}10）$$

在梁構件材料爲均質的條件下，全部斷面的 F_y 均相同，形狀因子變成：

$$f = \frac{Z}{S} \qquad\qquad （5\text{-}11）$$

形狀因子表示梁構件在斷面降伏之後，至全斷面進入塑性階段的寬裕空間。形狀因子愈大，表示梁構件降伏之後尚能承受較大的彎矩才會進入塑性階段；反之則相反。以下僅以斷面形狀雙向均對稱的矩形及斷面形狀只有垂直軸對稱的梯形來說明形狀因子。

1. 矩形斷面

如公式（5-8）及圖 5-9a 所示，矩形斷面 x—軸向的彈性模數爲：$S_x = bh^2/6$，軸壓力 $C_y = 1/2(bF_y)h/2 = bhF_y/4 = $ 軸拉力，$M_y = 2h/3C_y = bh^2F_y/6 = S_xF_y$；而矩形斷面 x—軸向的塑性模數爲：$Z_x = bh^2/4$；軸壓力 $C_p = (bF_y)h/2 = bhF_y/2 = $ 軸拉力 T_p，$M_p = h/2C_p = bh^2F_y/4 = Z_xF_y$。矩形斷面的形狀因子爲 $Z_x/S_x = (bh^2/4)/((bh^2/6)) = 1.5$。

2. 梯形斷面

　　如圖 5-9b 所示，在塑性階段斷面軸壓力 C_p 仍然等於斷面軸拉力 T_p，由力系平衡知 $A_1C_p = A_2T_p$，因 $C_p = T_p$，故 $A_1 = A_2 = A/2$；由此吾人亦可知塑性彎矩作用軸（中性軸）爲上下面積之等分線。而塑性彎矩 $M_p = \dfrac{A}{2}F_y(y_1 + y_2) = Z_xF_y$，所以

$$Z_x = \frac{A}{2}(y_1 + y_2) \qquad\qquad (5\text{-}12)$$

　　不同形狀斷面及尺寸的形狀因子均不相同，當梁構件的面積較多部分位於中性軸時，形狀因子的比值較大；相反的，當梁構件的面積較多部分遠離中性軸時，形狀因子的比值較小。不同斷面的形狀因子如表 5-1 所示。

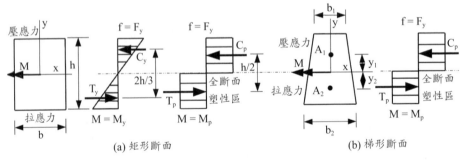

(a) 矩形斷面　　　　　　　　　　(b) 梯形斷面

圖 5-9　矩形斷面及梯形斷面之彈性模數和塑性模數示意圖

表 5-1　不同斷面形狀因子一覽表

斷面形狀	實心矩形	實心圓形	實心菱形	寬翼 H 型斷面	
				強軸	弱軸
形狀因子	1.5	1.7	2.0	1.1～1.2	1.5～1.8

5.3 梁斷面之結實性及側向扭轉挫屈

一、梁斷面之結實性

在 5.2 節的論述中，吾人必須有一清楚的認知，那就是並非所有的梁構件都能輕易的達到塑性彎矩，梁構件必須有結實性（壓力翼板之寬厚比及梁腹之寬厚比都符合規範值，如表 5-2）及具備足夠之側向支撐（如圖 5-10），才能使斷面抗彎強度達到塑性彎矩，亦即斷面各點均可達到降伏應力，不會產生局部挫屈及不會產生整體側向扭轉挫屈（L.T.B.）。讀者需注意一點，只要具備半結實斷面，就不會產生局部挫屈。

圖 5-10　梁構件具有足夠的側向支撐及垂直加勁板照片

表 5-2　結實斷面條件一覽表

肢體種類		公制（kgf/cm²）	英制（ksi）
壓力翼板之寬厚比	非加勁肢	$\dfrac{b_f}{2t_f} \leq 545\sqrt{F_y}$	$\dfrac{b_f}{2t_f} \leq 65\sqrt{F_y}$
	加勁肢	$\dfrac{b}{t} \leq 1600\sqrt{F_y}$	$\dfrac{b}{t} \leq 190\sqrt{F_y}$

肢體種類	公制（kgf/cm²）	英制（ksi）
梁腹深厚比 $\dfrac{d}{t_w}$	$f_a/F_y \leq 0.16$ 時 $$\frac{d}{t_w} \leq \frac{5370}{\sqrt{F_y}}\left(1 - \frac{3.74f_a}{F_y}\right)$$ $f_a/F_y > 0.16$ 時 $$\frac{d}{t_w} \leq 2160\sqrt{F_y}$$	$f_a/F_y \leq 0.16$ 時 $$\frac{d}{t_w} \leq \frac{640}{\sqrt{F_y}}\left(1 - \frac{3.74f_a}{F_y}\right)$$ $f_a/F_y > 0.16$ 時 $$\frac{d}{t_w} \leq 257\sqrt{F_y}$$
足夠側向支撐	$$L_b \leq \frac{640b_f}{\sqrt{F_y}}$$ $$L_b \leq \frac{1400000}{\left(\dfrac{d}{A_f}\right)F_y}$$	$$L_b \leq \frac{76b_f}{\sqrt{F_y}}$$ $$L_b \leq \frac{20000}{\left(\dfrac{d}{A_f}\right)F_y}$$

　　基本上梁構件之局部挫屈行為與柱相類似，即梁在承受彎曲彎矩作用時，如果受壓肢件產生局部挫屈，會使梁在達到其應有的強度之前就已經呈現不穩定的狀態。影響局部挫屈的主要因素是鋼構材的寬／厚比值（λ）及其邊界束制條件。鋼構材的肢件分為加勁肢及非加勁肢，規範依據不同斷面訂定其寬厚比之 $λ_p$ 及 $λ_r$。當梁斷面各肢件之寬厚比皆 $\leq λ_p$ 時，該斷面稱為結實斷面，亦即梁斷面的強度可發揮到塑性彎矩強度 M_p，不致產生局部挫屈現象。當梁斷面各肢件之寬厚比等於 $λ_r$ 時，該斷面稱為非結實斷面，梁斷面只有最外緣應力可達到降伏彎矩強度 M_y。當梁斷面肢件之寬厚比 $λ_p < λ < λ_r$ 時，該斷面稱為半結實斷面（partially compact section），梁構件的部分斷面可達到降伏彎矩強度 M_y，但仍有部分斷面會在彈性狀態。而當梁斷面之寬厚比皆 $> λ_r$ 時，則稱為含細長肢，此時斷面會產生部分挫屈現象。

圖 5-11a　梁構件腹板挫屈照片（摘自網路）

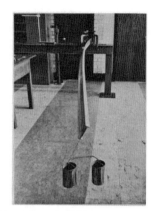

圖 5-11b　梁構件 L.T.B. 照片
（摘自網路）

如同柱一般，梁構件的極限狀態也是從兩方面來探討，一是強度極限狀態，另一是使用性極限狀態。強度極限狀態的破壞可分為：腹板剪力破壞、翼板或腹板局部挫屈（圖 5-11a）、集中作用力下之翼板局部彎曲、集中作用力下之腹板側向及受壓挫屈、集中力作用下之腹板局部降伏及壓摺、整體側向扭轉挫屈（圖 5-11b）；而梁構件的使用性極限狀態即產生過大的撓度。

臺灣建築技術規則對於梁構件撓度的控制規定如下：

1. 梁或板梁：由活載重所產生之撓度不得大於跨度之 1/360。
2. 吊車軌道梁：撓度不得大於跨度之 1/500。
3. 電動吊車：不得大於跨度之 1/800 至 1/1200。

二、梁斷面之側向扭轉挫屈

就構件的側撐條件來說，梁概分為：有足夠側撐梁及不完全側撐梁二種，前者係假設壓力肢在垂直腹板上有側向支撐（如圖 5-12 所示），在梁斷面之抗彎強度未完全發揮之前不會發生壓力肢的局部挫屈現象；後者之壓力肢並無有效的側向支撐系統或其側向支撐為不連續（或支撐間距過

大），導致在梁的抗彎強度完全發揮之前，可能會因爲壓力肢的局部挫屈而發生側向變形，以致形成側向扭轉挫屈（lateral torsional buckling）。

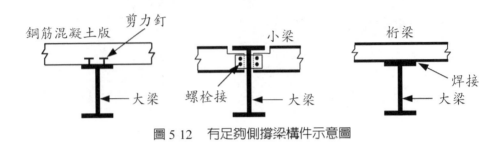

圖 5 12 　有足夠側撐梁構件示意圖

梁構件有三個方向（如圖 5-13），梁長度的方向（z）爲軸向或縱向、垂直載重作用的方向爲橫向（y）、同時垂直軸向及橫向的稱爲側向（x）。以 H 型鋼爲例，當梁構件承受純彎矩的作用，理論上只要有足夠的側向支撐，梁斷面的彎曲變形只會沿著 y 軸上下。但是在沒有足夠側向支撐的情形下，梁構件除了垂直方向的彎曲變形外，其受壓肢會順著斷面的弱軸往側向移動，又爲了讓構材在受壓側的翼板及腹板連接處能維持直角的狀態，梁斷面很自然的會產生繞著軸向旋轉的現象。梁構件同時有這三種變形：垂直上下位移、側向左右位移及扭轉的現象，就稱爲側向扭轉挫屈。

要防止梁構件產生側向扭轉挫屈，就是設法限制梁不要產生側向位移，最直接的方法就是在梁的受壓肢件部份加上必要的支撐。吾人定義側向支撐的間距爲無支撐長度（unbraced length, L_b），可以提供有效側向支撐的構件有：(1) 連續式，如受壓翼板與樓地板共築，(2) 點式，如側向構架、十字繫材、桁梁及小梁、邊界條件之支承處等，以適當間隔方式設置。

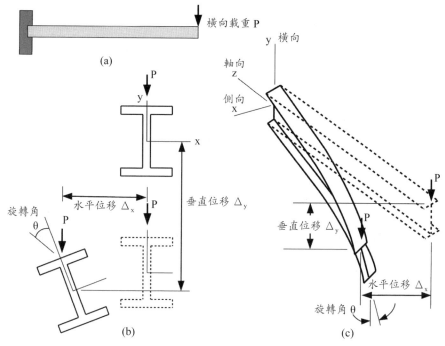

圖 5-13　　梁構件側向扭轉挫屈變形示意圖

　　當 H 型鋼斷面承受作用於弱軸上的載重時，即斷面彎矩作用於強軸，如此才會產生側向扭轉挫屈。反過來說，當梁構件承受作用於強軸的載重，即斷面彎矩作用於弱軸，此時並不會產生側向扭轉挫屈。另外無強弱軸之分的梁構件斷面（如圓形及方形等），也不會產生這種側向扭轉挫屈。當梁產生側向扭轉挫屈時，此時作用在梁上的彎矩稱為臨界彎矩 M_{cr}，若 $M_{cr} \leq M_y$（降伏彎矩），吾人即稱之為彈性側向扭轉挫屈；又當梁構件的無支撐長度 L_b 較小時，臨界彎矩 M_{cr} 會超過降伏彎矩 M_y，此時 $M_y < M_{cr} \leq M_p$ ，亦即梁構件已進入非彈性塑性挫屈狀態，吾人稱之為非彈性側向扭轉挫屈，M_p 為梁斷面之塑性彎矩。

　　彈性側向扭轉挫屈與梁弱軸之抗彎剛度 EI_y 及扭轉剛度 GJ 有關，理

論解為：

$$M_{cr} \sqrt{\frac{\pi^4 E^2 C_w I_y}{L_b^4} + \frac{\pi^2 E I_y G J}{L_b^2}} \qquad (5\text{-}13)$$

其中 C_w 為翹曲常數（warping constant），對翼寬斷面梁而言 $\cong I_y\left(\dfrac{h^2}{4}\right)$，h 為上翼板中心至下翼板中心之距離，約等於 0.9～0.95d，d 為梁斷面全深；G 為剪力彈性模數 $=\dfrac{E}{2(1+\mu)}=\dfrac{E}{2(1+0.3)}=\dfrac{E}{2.6}$，$J=\Sigma\dfrac{1}{3}bt^3$，為開口薄壁斷面之極慣性矩。

公式（5-13）根號內之第 1 項來自翹曲之影響，第 2 項來自扭轉的影響，若僅考慮前者，可得壓力翼板側向挫屈控制下的無支撐長度（公式5-14），若僅考慮後者則可得側向扭轉挫屈控制下的無支撐長度（公式5-15）。

$$L = \frac{640 b_f}{\sqrt{F_y}} \text{（英制：} \frac{76 b_f}{\sqrt{F_y}}, F_y：ksi）} \qquad (5\text{-}14)$$

$$L \le \frac{1400000}{\left(\dfrac{d}{A_f}\right) F_y} \text{（英制：} \frac{20000}{\left(\dfrac{d}{A_f}\right) F_y}, F_y：ksi）} \qquad (5\text{-}15)$$

其中 A_f 為梁構件壓力翼板的面積（$b_f \times t_f$），為防止側向挫屈，梁構件之壓力翼板之支撐間距須小於以上二式之較小值：

$$L_c = \min\left[\frac{640 b_f}{\sqrt{F_y}}, \frac{1400000}{\left(\dfrac{d}{A_f}\right) F_y}\right] \qquad (5\text{-}16)$$

L_c 為梁構件應力強度可達塑性彎矩 M_p 之最大容許側向支撐，此時吾人可稱梁構件為「具有足夠側向支撐」，容許彎曲應力 $F_b = 0.66 F_y$。

5.4 ASD 結實斷面梁之容許強度及分析

一、ASD 之容許彎曲應力（請注意：以下公式 F_y 之單位為 kgf/cm²）

梁構件的容許彎曲應力由斷面的無側向支撐長度及結實斷面性來決定：

1. 當 $L_b < L_c$ 時，不會發生側向扭轉挫屈：

　(1) 梁構件使用結實斷面（不含鋼材 $F_y \geq 4550\text{kgf/cm}^2$ 之構件或混合梁），即

$$\frac{b}{t} < \frac{545}{\sqrt{F_y}} \quad (\text{英制}：\frac{b}{t} < \frac{65}{\sqrt{F_y}})$$

$$F_{bx} = 0.66F_y，F_{by} = 0.75F_y \tag{5-17}$$

　(2) 梁構件使用半結實斷面，即 $\dfrac{545}{\sqrt{F_y}} < \dfrac{b}{t} \leq \dfrac{800}{\sqrt{F_y}}$（英制：$\dfrac{65}{\sqrt{F_y}} < \dfrac{b}{t} \leq \dfrac{95}{\sqrt{F_y}}$）

$$0.60\sqrt{F_y} \leq F_{bx} = \left[0.79 - 0.000237\left(\frac{b_f}{2t_f}\right)\sqrt{F_y}\right]F_y \leq 0.66F_y \tag{5-18}$$

（英制：$0.60F_y \leq F_{bx} = \left[0.79 - 0.0002\left(\dfrac{b_f}{2t_f}\right)\sqrt{F_y}\right]F_y \leq 0.66F_y$）

$$0.60\sqrt{F_y} \leq F_{by} = \left[1.075 - 0.0006\left(\frac{b_f}{2t_f}\right)\sqrt{F_y}\right]F_y \leq 0.75F_y \tag{5-19}$$

（英制：$0.60F_y \leq F_{by} = \left[1.075 - 0.005\left(\dfrac{b_f}{2t_f}\right)\sqrt{F_y}\right]F_y \leq 0.75F_y$）

　(3) 細長肢斷面且發生非彈性挫屈，即

$$\frac{800}{\sqrt{F_y}} < \frac{b}{t} \leq \frac{1480}{\sqrt{F_y}} \quad (\text{英制}：\frac{95}{\sqrt{F_y}} < \frac{b}{t} \leq \frac{176}{\sqrt{F_y}})$$

$$F_{bx} = 0.6\left[1.415 - 0.000520\left(\frac{b_f}{2t_f}\right)\sqrt{F_y}\right]F_y > 0.384F_y \tag{5-20}$$

（英制：$F_{bx} = 0.6\left[1.415 - 0.00437\left(\dfrac{b_f}{2t_f}\right)\sqrt{F_y}\right]F_y > 0.384F_y$）

$F_{bx} = F_{by}$

(4) 細長肢斷面且發生彈性局部挫屈，即 $\dfrac{b}{t} > \dfrac{1480}{\sqrt{F_y}}$（英制：$\dfrac{b}{t} > \dfrac{176}{\sqrt{F_y}}$）

$$F_{bx} = 0.6\left[\dfrac{1400000}{\left(\dfrac{b_f}{2t_f}\right)^2 F_y}\right]F_y \le 0.384F_y \tag{5-21}$$

（英制：$F_{bx} = 0.6\left[\dfrac{20000}{\left(\dfrac{b_f}{2t_f}\right)^2 F_y}\right]F_y \le 0.384F_y$）

2a. 當 $L_b > L_c$ 時，且無局部挫屈，即 $\dfrac{b}{t} < \dfrac{800}{\sqrt{F_y}}$（英制：$\dfrac{b}{t} < \dfrac{95}{\sqrt{F_y}}$）

(1) 細長比 $\dfrac{L_b}{r_T} \le \sqrt{\dfrac{716 \times 10^4 C_b}{F_y}}$，則無側向扭轉挫屈（英制：$\dfrac{L_b}{r_T} \le$

$\sqrt{\dfrac{102 \times 10^3 C_b}{F_y}}$）

$F_{bx} = 0.6F_y$

$$0.60F_y \le F_{by} = \left[1.075 - 0.0006\left(\dfrac{b_f}{2t_f}\right)\sqrt{F_y}\right]F_y \le 0.75F_y \tag{5-22}$$

（英制：$0.60F_y \le F_{by} = \left[1.075 - 0.005\left(\dfrac{b_f}{2t_f}\right)\sqrt{F_y}\right]F_y \le 0.75F_y$）

其中 r_T 為受壓翼板 +1/3 受壓腹板所形成之斷面以腹板為軸之迴轉半徑

$$r_T = \sqrt{\dfrac{I_y/2}{A_f + A_w/6}} \tag{5-23}$$

C_b 為彎矩梯度彎曲係數，係考慮梁翼板內應力在整支梁內，並非常數

$$C_b = 1.75 + 1.05\left(\dfrac{M_1}{M_2}\right) + 0.3\left(\dfrac{M_1}{M_2}\right)^2 \le 2.3 \tag{5-24}$$

其中 M_1 為構件強軸之較小端彎矩，M_2 為構件強軸之較大端彎矩，$\dfrac{M_1}{M_2}$ 比值於單曲率彎曲時取負，於雙曲率彎曲時取正，

若無支撐長度間之彎矩大於端彎矩時，$C_b = 1.0$，

若懸臂梁自由端，有側向支撐 $C_b = 1.75$；無側向支撐 $C_b = 1.0$。

(2) 當 $\sqrt{\dfrac{716 \times 10^4 C_b}{F_y}} \leq \dfrac{L_b}{r_T} \leq \sqrt{\dfrac{358 \times 10^5 C_b}{F_y}}$，即發生非彈性側向扭轉挫屈

（英制：$\sqrt{\dfrac{102 \times 10^3 C_b}{F_y}} \leq \dfrac{L_b}{r_T} \leq \sqrt{\dfrac{510 \times 10^3 C_b}{F_y}}$）

$$1/3 F_y \leq F_{bx} = \left[2/3 - \frac{F_y \left(\dfrac{L_b}{r_T} \right)^2}{1075 \times 10^5 C_b} \right] F_y \leq 0.6 F_y \tag{5-23}$$

$$\text{或} F_{bx} = \frac{840 \times 10^3}{L_b \left(\dfrac{d}{A_f} \right)} C_b \tag{5-24}$$

（英制：$F_{bx} = \left[2/3 - \dfrac{F_y \left(\dfrac{L_b}{r_T} \right)^2}{1530 \times 10^3 C_b} \right] F_y \leq 0.6 F_y$，或 $F_{bx} = \dfrac{120 \times 10^3}{L_b \left(\dfrac{d}{A_f} \right)} C_b$）

（5-23）及（5-24）二式取較大值，但須小於 $0.60 F_y$，F_{by} 規定同前項。

(3) 當 $\dfrac{L_b}{r_T} > \sqrt{\dfrac{358 \times 10^5 C_b}{F_y}}$ 則發生彈性側向扭轉挫屈（英制：$\dfrac{L_b}{r_T} > \sqrt{\dfrac{510 \times 10^5 C_b}{F_y}}$）

$$F_{bx} = \frac{120 \times 10^5}{\left(\dfrac{L_b}{r_T} \right)^2} C_b \leq 1/3 F_y \tag{5-25}$$

（英制：$F_{bx} = \dfrac{170 \times 10^3}{\left(\dfrac{L_b}{r_T} \right)^2} C_b \leq 1/3 F_y$）

$$或 F_{bx} = \frac{840 \times 10^3}{L_b\left(\frac{d}{A_f}\right)} C_b \quad \left(英制:F_{bx} = \frac{120 \times 10^3}{L_b\left(\frac{d}{A_f}\right)} C_b\right) \tag{5-26}$$

2b. 當 $L_b > L_c$ 時,且有局部挫屈,即 $\dfrac{b}{t} > \dfrac{800}{\sqrt{F_y}}$ (英制:$\dfrac{b}{t} > \dfrac{95}{\sqrt{F_y}}$)

以 $F_y = Q_s F_y$ 代替 F_y,代入第 2 大項各式中。

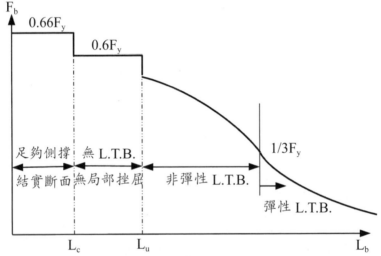

圖 5-14 ASD 梁構件無側向支撐長度與容許彎曲應力關係示意圖

由以上之說明,吾人可整理出幾個重點:

1. 由前述第 2a 項第 (1) 及 (2) 款,令 $C_b = 1.0$ 及 $F_{bx} = 0.6F_y$ 可得

$$L_u = \max\left[r_T\sqrt{\frac{716 \times 10^4}{F_y}} , \frac{1400000}{\left(\frac{d}{A_f}\right)F_y} \right] \tag{5-27}$$

L_u 稱為不發生側向扭轉挫屈(L.T.B.)之最大無支撐距離,大部分寬翼梁斷面均由後者控制,若梁的無支撐距離介於 L_c 和 L_u 之間,只要不發生局部挫屈,其強軸容許彎曲應力為 $0.6F_y$。

2. 有足夠側向支撐是不發生 L.T.B. 之充分條件,但非必要條件,不發

生 L.T.B. 且無局部挫屈，F_b 之下限值為 $0.6F_y$。當 $L_b < L_c$ 且使用結實斷面，則強軸容許彎曲應力可提高 10%，$F_{bx} = 0.66F_y$；弱軸可提高 25%，即 $F_{by} = 0.75F_y$。提高的原因即斷面之結實性可發揮至塑性彎矩 M_p。

3. 當梁構件之無支撐距離大於 L_c 時，斷面的結實性已不控制 F_{bx} 之上限值，轉而由側撐條件控制，當不發生 L.T.B. 時，之上限值為 $0.6F_y$。

4. 由以上三點，吾人可繪出無支撐距離與容許彎曲應力之間關係圖（如圖 5-14）。

【例題 5-2】 有一無側向支撐的懸臂梁，使用 A36 鋼材，端點承受集中載重 P，在強軸受彎的情形下，型鋼斷面 H650×250×12×25 與 H750×200×12×25 具有相同的斷面模數 $S_x = 4420cm^3$，試問何者能承受較大的 P 值？

解：

　A36 鋼材 $F_y = 36ksi = 2500kgf/cm^2$

　1. H650×250×12×25

　　$A_f = b_f × t_f = 25 × 2.5 = 62.5cm^2$

　　$L_{c1} = \dfrac{640b_f}{\sqrt{F_y}} = \dfrac{640 × 25}{\sqrt{2500}} = 320.0cm$

　　$L_{u1} = \dfrac{1400000}{\left(\dfrac{d}{A_f}\right)F_y} = \dfrac{1400000}{\left(\dfrac{65}{62.5}\right) × 2500} = 538.5cm$

　2. H750×200×12×25

　　$A_f = b_f × t_f = 20 × 2.5 = 50cm^2$

　　$L_{c2} = \dfrac{640b_f}{\sqrt{F_y}} = \dfrac{640 × 20}{\sqrt{2500}} = 256.0cm$

$$L_{u2} = \frac{1400000}{\left(\dfrac{d}{A_f}\right)F_y} = \frac{1400000}{\left(\dfrac{75}{50}\right) \times 2500} = 373.3\text{cm}$$

由於 $L_{c1} > L_{c2}$，$L_{u1} > L_{u2}$，可知 H650×250×12×25 之容許彎曲應力曲線在 H750×200×12×25 之上，又二者的 S_x 相同，故 H650×250×12×25 可承受較大的載重。

【例題 5-3】如圖 5-15，有一足夠側向支撐的簡支梁，上部承受均佈載重，試分析及計算簡支梁可承載之最大活載重及其對應之中點垂直變位，假設鋼材之 $F_y = 2800\text{kgf/cm}^2$，$E = 2100\text{tf/cm}^2$

解：

1. 檢驗斷面之結實性

   翼板寬厚比 $\dfrac{b_f}{2t_f} = \dfrac{50}{2 \times 2} = 12.5 > \dfrac{545}{\sqrt{F_y}} = \dfrac{545}{\sqrt{2800}} = 10.30$，但 $< \dfrac{800}{\sqrt{F_y}} = 15.12$

   腹板寬厚比 $\dfrac{d}{t_w} = \dfrac{70}{2} = 35 < \dfrac{5370}{\sqrt{F_y}} = \dfrac{5370}{\sqrt{2800}} = 101.48$

   此斷面為半結實斷面，無局部挫屈，容許彎曲應力介於 $0.6F_y$ 和 $0.66F_y$ 之間。

2. 計算容許彎曲應力

   $$F_b = \left[0.79 - 0.000237\left(\frac{b_f}{2t_f}\right)\sqrt{F_y}\right]F_y = 0.633F_y = 1773\text{kgf/cm}^2$$

3. 計算容許彎矩

   $$I_x = \frac{1}{12}\,50 \times 70^3 - \frac{1}{12}\,48 \times 66^3 = 279183\text{cm}^4$$

   $$S_x = \frac{I_x}{\dfrac{d}{2}} = \frac{279183}{35} = 7977\text{cm}^3$$

$$M_a = F_b \times S_x = 1773 \times 7977 \times 10^{-5} = 141.4\text{tf-m}$$

4.計算容許活載重 LL

$$W_T = \frac{8M_a}{\ell^2} = \frac{8 \times 141.4}{8^2} = 17.68\text{tf/m}$$

$$W_L = W_T - W_D = 17.68 - 1.6 = 16.08\text{tf/m}$$

5.檢核梁中點之變位

$$(\Delta_c)_L = \frac{5W_L\ell^4}{384EI} = \frac{5 \times 16.08 \times 10 \times 800^4}{384 \times 2.1 \times 10^6 \times 279183} = 1.46\text{cm} < \frac{1}{360}\ell = 2.22\text{cm}$$

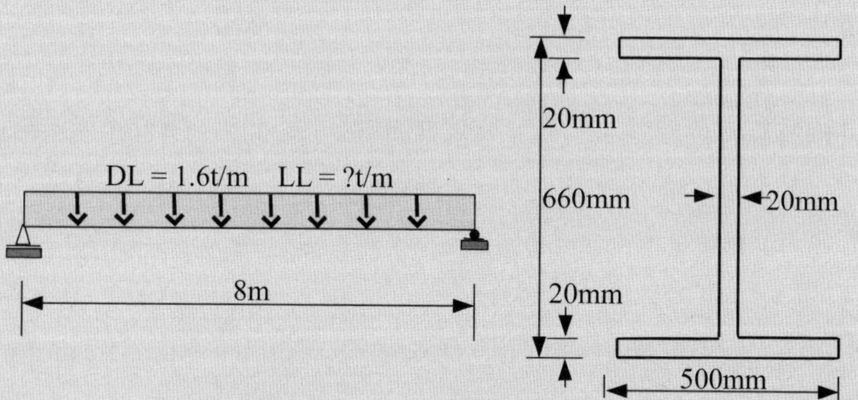

圖 5-15　簡支梁受力及斷面尺寸示意圖

二、ASD 容許剪應力

1. 剪應力計算

簡單彎曲情形下之單軸剪應力：

$$\tau = \frac{VQ}{Ib} \tag{5-28}$$

其中 V 爲斷面剪力，Q 爲斷面的一次矩（first moment），b 爲受剪斷面之寬度。

由於大部分寬翼 H 型鋼之梁斷面均由腹板承擔剪力（約 90～98%），故可依下式來計算平均剪應力：

$$f_v = \frac{V}{dt_w} \qquad (5\text{-}29)$$

其中 dt_w 爲腹板面積（受剪面積），d 爲梁構件全深，t_w 爲腹板寬度。

2. 容許剪應力

自 1923 年以來，在不考慮剪力挫屈（腹板深厚比 $d/t_w > 100/\sqrt{F_y}$）的情形下，AISC 之容許剪應力均取 2/3 倍之容許拉應力，即 $F_v = 2/3(0.6F_y) = 0.4F_y$。

【例題 5-4】如圖 5-16，有一寬翼型鋼 H600×200×12×20，使用鋼材之 $F_y = 2800\text{kgf/cm}^2$ 承受 70tf 之單軸剪力作用，試求斷面各部位之剪應力並檢核是否符合規範要求。

解：

查表知型鋼斷面性質：d = 60.6cm，b_f = 20.1cm，t_w = 1.2cm，t_f = 2.0cm，I_x = 88300cm^4，A = 149.8cm^2

1.翼板及腹板交接處

斷面一次矩 $Q = 20.1 \times 2.0 \times \left(\dfrac{60.6}{2} - \dfrac{2.0}{2}\right) = 1177.86\text{cm}^3$

翼板處剪應力 $\tau = \dfrac{VQ}{Ib} = \dfrac{70 \times 1177.86}{88300 \times 20.1} = 0.046\text{tf/cm}^2$

腹板處剪應力 $\tau = \dfrac{VQ}{Ib} = \dfrac{70 \times 1177.86}{88300 \times 1.2} = 0.778\text{tf/cm}^2$

2.中性軸處

斷面一次矩 $Q = 1177.86 + 1/2 \times 1.2 \times \left(\dfrac{60.6}{2} - 2.0\right)^2 = 1658.39\text{cm}^3$

剪應力 $\tau = \dfrac{VQ}{Ib} = \dfrac{70 \times 1658.39}{88300 \times 1.2} = 1.096\text{tf/cm}^2$

3.計算翼板及腹板分別承受之剪力大小比例

$$V_f = 2 \times 1/2 \times 0.046 \times 20.1 \times 2.0 = 1.849tf$$

$$V_w = 70.0 - 1.849 = 68.151tf$$

腹板所承受之剪力占全斷面之 97.4%

4.以腹板承受均佈剪應力方式計算

$$f_v = \frac{V}{dt_w} = \frac{70}{60.6 \times 1.2} = 0.963tf/cm^2，比最大值 1.096tf/cm^2 小約 12\%。$$

5.檢核剪應力規範要求

斷面最大剪應力為 $1.096tf/cm^2 < 1.12tf/cm^2 = 0.4F_y$　　OK

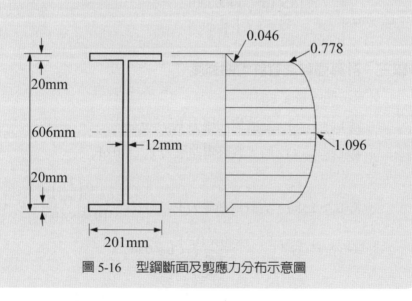

圖 5-16　型鋼斷面及剪應力分布示意圖

三、ASD 結實斷面梁構件分析步驟

步驟一、判斷梁構件之結實性

　　鋼構材的肢件分為加勁肢及非加勁肢，規範依據不同斷面訂定其寬厚比之 λ_p 及 λ_r。當梁斷面各肢件之寬厚比皆 $\leq \lambda_p$ 時，該斷面屬於結實斷面，

亦即梁斷面的強度可發揮到塑性彎矩強度 M_p，不致產生局部挫屈現象；當梁斷面肢件之寬厚比 $\lambda_p < \lambda < \lambda_r$ 時，該斷面稱為半結實斷面，只要斷面中有一肢件為半結實斷面，全斷面均屬半結實斷面；當梁斷面之寬厚比 $\lambda > \lambda_r$ 時，屬於細長肢斷面，只要斷面中有一肢件屬細長肢，全斷面均屬細長肢斷面。

步驟二、計算側向支撐之臨界長度 L_c 和 L_u

$$L_c = \min\left[\frac{640b_f}{\sqrt{F_y}}, \frac{1400000}{\left(\frac{d}{A_f}\right)F_y}\right]$$

$$L_u = \max\left[r_T\sqrt{\frac{716 \times 10^4}{F_y}}, \frac{1400000}{\left(\frac{d}{A_f}\right)F_y}\right]$$

步驟三、計算強軸之容許彎曲強度

1. 計算抗翹曲強度 F_{bx1}：

(1) 當 $L_b \leq L_c$ 時，容許彎曲應力 $F_{bx1} = 0.66F_y$

(2) 當 $L_c < L_b \leq L_u$ 時，容許彎曲應力 $F_{bx1} = 0.6F_y$

(3) 當 $L_b > L_u$ 時，容許彎曲應力 $F_{bx1} = \left[2/3 - \frac{F_y\left(\frac{L_b}{r_T}\right)^2}{1075 \times 10^5 C_b}\right]F_y \leq 0.6F_y$

2. 計算抗扭轉強度 $F_{bx2} = \dfrac{840 \times 10^3}{L_b\left(\dfrac{d}{A_f}\right)} C_b \leq 0.6F_y$

3. 取二者較大值（但須 $\leq 0.6F_y$）來計算強軸之容許彎矩強度

$F_{bx} = \max$（抗翹強度 F_{bx1}，抗扭轉強度 F_{bx2}），$M_{ax} = F_{bx}S_x$

步驟四、計算弱軸之容許彎曲強度

由於弱軸不會發生 L.T.B. 現象，因此不論 L_b 多大，弱軸一律由斷面結實性來控制強度。故弱軸之容許彎曲應力 $F_{by} = 0.75F_y$，弱軸之容許彎矩強度 $M_{ay} = F_{by}S_y$。

步驟五、計算及檢核構件之容許剪應力

$$f_v = \frac{V}{dt_w} \leq 0.4F_y$$

步驟六、計算及檢核構件之容許變位

$$\Delta_{max} \leq \Delta_a$$

【例題 5-5】如圖 5-17，有一簡支型的鋼梁，中央處另有側向支撐，鋼材及材料特性如下所示，梁承受均佈載重 w，試以 ASD 求梁構件所能承受之強軸容許彎矩 M_{ax} 並檢核梁構件之容許剪應力及容許變位。

型鋼斷面性質：d = 53.31cm，b_f = 20.93cm，t_w = 1.016cm，t_f = 1.562cm，A = 118.39cm^2，I_x = 55359cm^4，r_x = 21.69cm，S_x = 2071.3cm^3，I_y = 2393.3cm^4，r_y = 4.50cm，r_T = 4.90cm，E = 2040tf/cm^2，F_y = 2.5tf/cm^2。

解：

步驟一、判斷梁構件之結實性

1.翼板結實性：

$$\frac{b_f}{2t_f} = \frac{20.93}{2 \times 1.562} = 6.7 < \frac{545}{\sqrt{F_y}} = \frac{545}{\sqrt{2500}} = 10.9$$

2.腹板寬厚比：

$$\frac{d}{t_w} = \frac{53.31 - 2 \times 1.562}{1.016} = 49.396 < \frac{5370}{\sqrt{F_y}} = \frac{5370}{\sqrt{2500}} = 107.4$$

翼板及腹板均符合結實性。

步驟二、計算側向支撐之臨界長度 L_c 和 L_u

因 a、b、c 均有側向支撐，梁之無側向支撐長度 L_b = 5.5m = 550cm；而 a、c 端的彎矩為零，最大的彎矩在端點 b。故 ab 段及 bc 段的彎矩梯度彎曲係數：

$$C_b = 1.75 + 1.05\left(\frac{M_1}{M_2}\right) + 0.3\left(\frac{M_1}{M_2}\right)^2 = 1.75 + 1.05\left(\frac{0}{M_2}\right) + 0.3\left(\frac{0}{M_2}\right)^2$$

$$= 1.75 \leq 2.3$$

$$L_c = min\left[\frac{640b_f}{\sqrt{F_y}}, \frac{1400000}{\left(\frac{d}{A_f}\right)F_y}\right] = min\left[\frac{640 \times 20.93}{\sqrt{2500}}, \frac{1400000}{\left(\frac{53.31}{20.93 \times 1.562}\right)2500}\right]$$

$$= min[267.9, 343.42] = 267.9cm$$

$$L_u = max\left[r_T\sqrt{\frac{716 \times 10^4}{F_y}}, \frac{1400000}{\left(\frac{d}{A_f}\right)F_y}\right]$$

$$= max\left[4.9\sqrt{\frac{716 \times 10^4}{2500}}, \frac{1400000}{\left(\frac{53.31}{20.93 \times 1.562}\right)2500}\right]$$

$$= max[262.2, 343.42] = 343.4cm > L_c = 267.9cm$$

$L_b = 550cm > L_u = 343.4cm$，會產生側向扭轉挫屈。

步驟三、計算強軸之容許彎曲強度

1.計算抗翹曲強度 F_{bx1}：

$L_b > L_u$，容許彎曲應力 $F_{bx1} = \left[\frac{2}{3} - \frac{F_y\left(\frac{L_b}{r_T}\right)^2}{1075 \times 10^5 C_b}\right]F_y$

$$= \left[\frac{2}{3} - \frac{2500\left(\frac{550}{4.9}\right)^2}{1075 \times 10^5 \times 1.75}\right]2500 = 0.499 \times 2500 = 1248kgf/cm^2$$

$$\leq 1500kgf/cm^2 = 0.6F_y$$

2.計算抗扭轉強度 F_{bx2}

$$F_{bx2} = \frac{840 \times 10^3}{L_b\left(\frac{d}{A_f}\right)}C_b = \frac{840 \times 10^3}{550\left(\frac{53.31}{20.93 \times 1.562}\right)} \times 1.75$$

$$= 1639kgf/cm^2 > 1500kgf/cm^2 = 0.6F_y$$

3.取 $1500kgf/cm^2$ 計算強軸之容許彎矩強度

$$M_{ax} = F_{bx}S_x = 1500 \times 2071.3 = 3106950kgf\text{-}cm = 31.07tf\text{-}m \circ$$

步驟四、計算弱軸之容許彎曲強度

因題目已指定求強軸之容許彎矩，故不需計算弱軸之容許彎矩。

步驟五、計算及檢核構件之容許剪應力

1.由強軸容許彎矩反求容許均佈載重 W_a

$$M_{ax} = \frac{1}{8} W_a L^2 \text{，} W_a = \frac{8 \times M_{ax}}{L^2} = \frac{8 \times 31.07}{(2 \times 5.5)^2} = 2.054 \text{tf/m}$$

2.最大剪力在二端支撐處，$V = \frac{1}{2} W_a(2L_b) = \frac{1}{2} \times 2.054 \times 2 \times 5.5 = 11.297 \text{tf}$，

$$f_v = \frac{V}{dt_w} = \frac{11.297 \times 1000}{53.31 \times 1.016} = 208.57 \text{kgf/cm}^2 \leq 1000 \text{kgf/cm}^2 = 0.4F_y \quad \text{OK}$$

步驟六、計算及檢核構件之容許變位

$$\Delta_b = \frac{5W_a L^4}{384EI} = \frac{5 \times 2.054 \times 10 \times 1100^4}{384 \times 2.04 \times 10^6 \times 55359} = 3.47 \text{cm} < \frac{1}{360}L = \frac{1100}{360}$$

$$= 3.06 \text{cm}。\quad \text{NG}$$

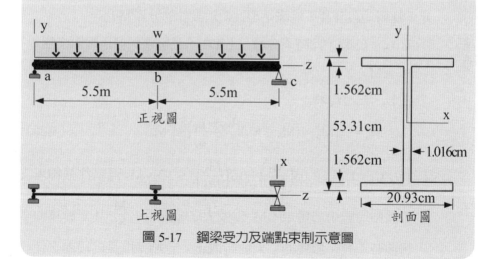

圖 5-17　鋼梁受力及端點束制示意圖

5.5 LRFD 結實斷面梁之標稱強度及分析

一、LRFD 結實斷面梁構件彎矩強度相關規定

為利讀者對基礎知識的了解，本節內容將侷限在梁構件為結實斷面之情形，而載重作用通過對稱平面之單軸對稱或雙軸對稱梁構件，同時也適用於載重作用通過剪力中心且與腹板平行，或於載重作用點及支承點能提供扭轉束制的槽型鋼。LRFD 對梁構件主要常用斷面分析及設計的規定如下：

1. 一般彎曲構材的設計彎曲強度：梁構件之設計彎曲強度 $\phi_b M_n$，其中 ϕ_b 為強度折減因子 = 0.9，M_n 為標稱彎曲強度。

2. 結實斷面構材承受強軸之彎曲，首先要來了解一個重要的觀念，就是梁構材之側向無支撐長度 L_b（如圖 5-18）會有三個分界點：(1) 彈性 L.T.B. 與非彈性 L.T.B. 之分界為 L_r，(2) 有 L.T.B. 及沒有 L.T.B. 之分界為 L_p，(3) 在沒有 L.T.B 之範圍內另有一個判別能滿足塑性彎矩設計及不能滿足塑性彎矩設計的分界點 L_{pd}。

  ⑴ 當 $L_b \le L_p$ 時，此時不會發生 L.T.B.，且可達到標稱彎矩強度

  $$M_n = M_p$$

  ⑵ 當 $L_p < L_b \le L_r$ 時

  $$M_n = C_b\left[M_p - (M_p - M_r)\left(\frac{L_b - L_p}{L_r - L_p}\right)\right] \le M_p \qquad （5\text{-}30）$$

  其中 $C_b = 1.75 + 1.05\left(\dfrac{M_1}{M_2}\right) + 0.3\left(\dfrac{M_1}{M_2}\right)^2 \le 2.3$，$M_1$ 為構件強軸無支撐段兩端較小之彎矩，M_2 為較大之端彎矩，$\dfrac{M_1}{M_2}$ 比值於單曲率彎曲時取負，於雙曲率彎曲時取正。若無支撐長度段內之任一彎矩大於端彎矩時，$C_b = 1.0$（如簡支梁），若為側向無支撐之懸臂梁時 $C_b = 1.0$，有側向支撐時 $C_b = 1.75$。

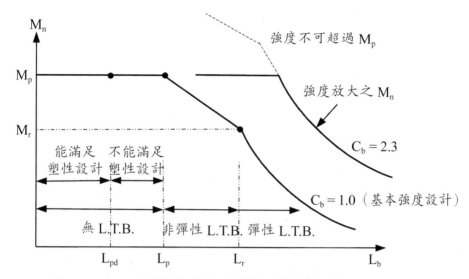

圖 5-18　LRFD 梁斷面無側向支撐長度與標稱強度間關係示意圖

M_p 為塑性彎矩強度 $= F_y Z (t-cm)$ ，F_y 為標稱降伏強度，Z 為斷面之塑性模數；L_b 為壓力翼板有抗側向位移支撐或橫斷面有抗扭轉之支撐時，其支撐點間之距離。

對於 I 型梁、混合梁及槽型構件，其 L_p 之計算方式如下：

$$L_p = \frac{80r_y}{\sqrt{F_{yf}}} \qquad (5\text{-}31)$$

對於實心矩形梁及箱形斷面梁，其 L_p 之計算方式如下：

$$L_p = \frac{260r_y}{M_p}\sqrt{JA} \qquad (5\text{-}32)$$

其中 r_y 為對弱軸之迴轉半徑（cm），F_{yf} 為翼板之降伏應力（tf/m²），J 為扭曲常數（cm⁴），A 為斷面積（cm²）。

(3) 側向無支撐長度之界限值 L_r 及其對應之側向扭轉挫屈彎矩 M_r，依下列方式計算：

a. 載重作用通過腹板平面之槽型構件或壓力翼板不小於拉力翼

板之單軸對稱及雙軸對稱 I 型構件：

$$L_r = \frac{r_y X_1}{(F_{yw} - F_r)} \sqrt{1 + \sqrt{1 + X_2(F_{yw} - F_r)^2}} \qquad （5\text{-}33）$$

$$Mr = (F_{yw} - F_r)S_x \qquad （5\text{-}34）$$

其中 $X_1 = \frac{\pi}{S_x} \sqrt{\frac{EAGJ}{2}}$（tf/cm^2），$X_2 = 4\frac{c_w}{I_y}\left(\frac{S_x}{GJ}\right)^2\left(1/\left(\frac{tf}{cm^2}\right)^2\right)$，

保守估計可取爲零；S_x 爲對強軸之斷面模數（cm^3），E 爲
鋼材之彈性模數（tf/cm^2），G 爲鋼材之剪力彈性模數（tf/
cm^2），F_{yw} 爲腹板之降伏應力（tf/cm^2），C_w 爲斷面之翹曲
常數（cm^6），I_y 爲對弱軸之慣性矩（cm^4），F_r 爲翼板之殘
餘壓應力，對於熱軋鋼可取爲 0.7tf/cm^2，對於焊接型鋼可取
爲 1.16tf/cm^2。

b. 對於單軸對稱，壓力翼板不小於拉力翼板之 I 型構件，在公
　式（5-34）中的參數 S_x 可以 S_{xc} 來代替，S_{xc} 爲對壓力緣之彈
　性斷面模數。

c. 對於承受強軸彎曲之實心矩形構件：

$$L_r = \frac{4000r_y}{M_r} \sqrt{JA} \qquad （5\text{-}35）$$

$$M_r = (F_y)S_x \qquad （5\text{-}36）$$

d. 對於對稱箱形斷面承受強軸彎曲且其載重作用在對稱面上，
　則 M_r 及 L_r 可依公式（5-34）及（5-35）計算得之。

至於受強軸彎曲之結實斷面但側向無支撐長度 $L_b > L_r$、非彈性
分析之側向無支撐長度、T 型鋼及雙角鋼斷面、實心圓形或實
心方形斷面梁、對弱軸彎曲之梁等情形，LRFD 都有詳細的規
定，有興趣的讀者可自行參閱其他書籍。

二、LRFD 結實斷面梁構件剪力強度相關規定

對於腹板承受剪力作用之單軸或雙軸對稱梁（含混合梁）及腹板承受剪力作用之槽鋼梁，LRFD 的規定摘要如下：

1. 腹板面積 A_w：可以梁斷面之全高 d 乘以腹板厚度 t_w 求得。

2. 斷面剪力強度：腹板之剪力強度為 $\phi_v V_n$，其中強度折減因子 $\phi_v = 0.9$，而標稱剪力強度 V_n 可依下列規定計算。

   (1) 當 $\dfrac{h}{t_w} \leq 50\sqrt{K_v/F_{yw}}$ 時，

$$V_n = 0.6F_{yw}A_w \tag{5-37}$$

   (2) 當 $50\sqrt{K_v/F_{yw}} < \dfrac{h}{t_w} < 62\sqrt{K_v/F_{yw}}$ 時，

$$V_n = 0.6F_{yw}A_w \frac{50\sqrt{K_v/F_{yw}}}{\dfrac{h}{t_w}} \tag{5-38}$$

   (3) 當 $62\sqrt{K_v/F_{yw}} < \dfrac{h}{t_w} < 260$ 時，

$$V_n = \frac{1860K_v}{\left(\dfrac{h}{t_w}\right)^2}A_w \tag{5-39}$$

其中 h 為寬翼梁上下翼板間距扣除二倍角偶半徑之淨間距，K_v 為腹板剪力挫屈係數 $= 5 + \dfrac{5}{(a/h)^2}$，a 為橫向加勁板之淨間距。未使用加勁板及 $a/h \geq 3.0$ 時，K_v 取 5.0，對於未使用加勁板之梁構件其 $a/h \leq 260$。

三、LRFD 結實斷面梁構件之分析步驟

步驟一、判斷梁構件之結實性

一如 ASD，鋼構材的肢件分為加勁肢及非加勁肢，規範依據不同斷面訂定其寬厚比之 λ_p 及 λ_r。當梁斷面各肢件之寬厚比皆 $\leq \lambda_r$ 時，該斷面

屬於結實斷面；當梁斷面肢件之寬厚比 $\lambda_p < \lambda < \lambda_r$ 時，該斷面稱為半結實斷面，只要斷面中有一支半結實斷面，全斷面均屬半結實斷面；當梁斷面之寬厚比 $\lambda > \lambda_r$ 時，屬於細長肢斷面，只要斷面中有一支細長肢，全斷面均屬細長肢斷面。

步驟二、計算側向支撐之臨界長度 L_p 和 L_r

$$L_p = \frac{80r_y}{\sqrt{F_{yf}}} \ , \ L_r = \frac{r_y x_1}{(F_{yw} - F_r)}\sqrt{1 + \sqrt{1 + X_2(F_{yw} - F_r)^2}}$$

$$F_L = \min(F_{yf} - F_r, F_{yw}) \ , \ M_r = F_L S_x$$

步驟三、計算強軸之標稱彎矩強度

1. 當 $L_b \le L_p$ 時，不發生 L.T.B.，強軸標稱彎曲強度：$\phi_b M_{nx} = 0.9M_{px}$

2. 當 $L_p < L_b \le L_r$ 時，非彈性 L.T.B. 之強軸標稱彎曲強度：

$$\phi_b M_{nx} = 0.9C_b\left[M_p - (M_p - M_r)\left(\frac{L_b - L_p}{L_r - L_p}\right)\right] \le 0.9M_{px} \ , \ \text{其中 } M_p = F_y Z$$

3. 當 $L_b > L_r$ 時，彈性 L.T.B. 之強軸標稱彎曲強度：

$$\phi_b M_{nx} = 0.9C_b\sqrt{\frac{\pi^4 E^2 C_w I_y}{L_b^4} + \frac{\pi^2 E I_y GJ}{L_b^2}} = 0.9C_b\left[\frac{S_x X_1 \sqrt{2}}{L_b/r_y}\sqrt{1 + \frac{X_1^2 X_2}{2(L_b/r_y)^2}}\right]$$

$$\le 0.9M_{px}$$

步驟四、計算弱軸之標稱彎矩強度

$$\phi_b M_{ny} = 0.9M_p \le 0.9(1.5)M_y$$

步驟五、計算及檢核構件之剪力強度

計算 $\dfrac{h}{t_w}$ 比值，再比較下列關係：

1. 當 $\dfrac{h}{t_w} \le 50\sqrt{K_v / F_{yw}}$ 時，$V_n = 0.6F_{yw}A_w$

2. 當 $50\sqrt{K_v / F_{yw}} < \dfrac{h}{t_w} < 62\sqrt{K_v / F_{yw}}$ 時，$V_n = 0.6F_{yw}A_w \dfrac{50\sqrt{K_v / F_{yw}}}{\dfrac{h}{t_w}}$

3. 當 $62\sqrt{K_v/F_{yw}} < \dfrac{h}{t_w} < 260$ 時，$V_n = \dfrac{1860K_v}{\left(\dfrac{h}{t_w}\right)^2}A_w$

5.6 梁構件設計之建議

梁構件的分析及設計在鋼結構設計中屬較難的一章，難在梁構件可能產生的挫屈型態比柱複雜，尤其是側向扭轉挫屈又分彈性及非彈性，梁構件尚有簡支型、懸臂型、外伸型及連續型等不同形式；而結實斷面、半結實斷面、加勁肢、非加勁肢、無側向支撐長度都影響著梁構件是否能發展出極限彎矩強度。分析方法又有 ASD 及 LRFD 二種主流理論（含不同年份的修正版次）以及新近的二種理論整合版，公制（tf/cm^2、tf/m^2、kgf/cm^2）及英制（ksi 、psi）不同單位，演繹出許多不同的計算公式；加上我國又有自己從 ASD 及 LRFD 二種理論基礎，所衍發出來的容許應力法及極限設計法，簡直是眼花撩亂。對於初學者來說，可能要用「暈頭轉向」來形容。不同的作者對於整體內容的取捨也十分困擾，讀者也不難發現不同的書籍內容差異還相當明顯。

有鑑於此，為達提綱挈領、精簡扼要的目的，本章僅以結實斷面為例，並就 ASD 的理論基礎加以說明相關重點。至於 LRFD 的內容還是在結實斷面條件下，僅介紹 I 型梁、混合梁、槽型構件、實心矩形梁及箱形梁等梁構件斷面形式的計算公式。對於工程師而言，ASD 理論雖較為保守一點，但也能符合法規。因此，建議初學者及年輕工程師，把握相對比較容易懂的 ASD 理論基礎即可，學完如有機會參與較簡單的設計工作，也可大膽地用 ASD 來設計。等累積多了 ASD 的案例，也對 ASD 整個內容能融會貫通了，深入了解 LRFD 還不遲。何況，現在已經很少用手算了，通常都借助套裝軟體的協助來進行分析及設計，套裝軟體中自可選用

何種理論基礎的計算式。

第六章　梁柱構件

6.1 梁柱放大係數

一、梁構件之特性

　　應用最多的鋼構件就是梁—柱構件（beam-column），日常生活中也很容易見到這類的構件。由於市區土地的價格日漲，能開發使用的數量也日漸減少，因此在一塊能用的土地上，於法規限制內盡量挖深、盡量加高，逐漸成了不二的選擇（如圖 6-1a）。除了大樓的建築物外，大賣場、倉儲、展示場、小型工廠、汽機車立體停車場、組合式房屋、門架結構及棚架結構等，也常用鋼材的梁柱構件作為結構物的主要構架。而最簡單的梁柱構件應算是運動賽場上的足球門架、橄欖球門架、高低槓、單槓及雙槓了（如圖 6-1b）。

圖 6-1a　典型的建築大樓梁柱構件照片

圖 6-1b　最簡單的梁柱構件型式─單槓及雙槓照片

　　前幾章介紹的構件多屬單一作用力的構件，事實上這種構件較少單獨存在，大部分都是同時承受二種以上的作用力。梁柱構件除了承受垂直於梁構件的橫向及側向載重外，與梁構件不同之處是，梁柱構件還承受軸向載重。因此梁柱構件的主要強度是抗彎強度、抗剪強度、抗軸壓及抗軸拉強度。有關梁柱構件的分析及設計，前面所幾章所介紹的理論及公式，仍可適用於本章。由於構件承受軸拉力作用時，不穩定的趨勢將減少而由材料的降伏來控制設計工作。然而，當構件所承受的是軸壓力時，由於彎矩的作用，構件的不穩定趨勢大增，而且會產生二次彎矩的現象，亦即 $P-\Delta$ 效應。因此，一般在討論梁柱構件的軸力時都是指軸壓力。

二、梁柱構件之 $P-\Delta$ 效應

　　由於 $P-\Delta$ 效應，其彎矩增量又將造成變位放大，彎矩與變位如此循環互生，當軸壓增加至理想柱的載重時，會使梁柱構件產生結構失穩現象。這種彎矩─變位循環互生的非線性特性，分析上不可使用疊加原理將軸壓及彎矩折分開來簡單疊加，只有在軸壓應力較小（$f_a/F_a \leq 0.15$），才能忽略 $P-\Delta$ 效應的影響，採用疊加方式進行分析。理論上：

1. 梁柱構件只承受橫向載重作用時，分析公式為：

$$EIy_t^{''} = -M_t \qquad (6\text{-}1)$$

假 設 $y_t = y_{t0}\sin\dfrac{\pi x}{L}$，$y_t' = y_{t0}\dfrac{\pi}{L}\cos\dfrac{\pi x}{L}$，$y_t'' = -y_{t0}\left(\dfrac{\pi}{L}\right)^2\sin\dfrac{\pi x}{L}$，代入（6-1）得

$$-EIy_{t0}\left(\frac{\pi}{L}\right)^2\sin\frac{\pi x}{L} = -M_t \qquad (6\text{-}2)$$

2. 梁柱構件同時承受軸壓及橫向載重作用時，分析公式為：

$$EIy^{''} + Py = -M_t \qquad (6\text{-}3)$$

假設 $y = y_0\sin\dfrac{\pi x}{L}$，$y' = y_0\dfrac{\pi}{L}\cos\dfrac{\pi x}{L}$，$y'' = -y_0\left(\dfrac{\pi}{L}\right)^2\sin\dfrac{\pi x}{L}$，代入（6-3）得

$$\left[-EI\left(\frac{\pi}{L}\right)^2 + P\right]y_0\sin\frac{\pi x}{L} = -M_t \qquad (6\text{-}4)$$

令（6-2）及（6-4）相等可得：

$$-EIy_{t0}\left(\frac{\pi}{L}\right)^2\sin\frac{\pi x}{L} = \left[-EI\left(\frac{\pi}{L}\right)^2 + P\right]y_0\sin\frac{\pi x}{L}$$

$$\therefore y_0 = y_{t0}\left(\frac{P_{cr}}{P_{cr} - P}\right) = y_{t0}\left(\frac{1}{1 - P/P_{cr}}\right) \qquad (6\text{-}5)$$

其中 P_{cr} 為簡支理想柱的臨界載重，P 為軸壓作用力，若照疊加原理，y_0 應等於 y_{t0}，顯然沒有。公式（6-5）顯示了 $P - \Delta$ 效應，產出一個非線性的係數 $\left(\dfrac{1}{1 - P/P_{cr}}\right)$，稱之為彎矩放大因子（moment magnification factor）。若以應力型式表示，可得：

$$\frac{1}{1 - P/P_{cr}} = \frac{1}{1 - f_a/F_e'} = \frac{1}{1 - \alpha} \qquad (6\text{-}6)$$

其中 F_e' 為 Euler 應力 $= \dfrac{12\pi^2 E}{23\left(\dfrac{KL}{r}\right)^2}$，假設 $f_a/F_e' = \alpha$

梁柱構件上的斷面總彎矩包含 (1) 由橫向載重或端彎矩所造成的主要

彎矩及 (2) 由 P − Δ 效應所造成的二次彎矩：

$$M = M_t + Py_0 = M_t + Py_{t0}\frac{1}{1-\alpha} = \frac{C_m M_t}{1-\alpha} \tag{6-7}$$

其中$C_m = 1 + \left(\frac{\pi^2 EIy_{t0}}{M_t L^2} - 1\right)\alpha = 1 + \varphi\alpha$ （6-8）

C_m 為減弱因子（reduction factor），主要是考慮到斷面發生最大彎曲應力的位置，通常都不是最容易發生挫屈的位置；唯恐彎矩放大因子會過度放大彎曲應力，考量下列三項因素應予以減弱：

1. 構件有無橫向位移：有橫向位移之梁柱變位通常大於無橫向變位者，故 C_m 一般會較大。

2. 邊界束制條件：鉸支承之梁柱變位必然大於固定支承者，故 C_m 亦較大。

3. 彎矩梯度$\left(\frac{M_1}{M_2}\right)$：梁柱變位形狀為單曲率時，梁柱變位必較變位形狀為雙曲率者為大，故 C_m 亦較大。

AISC 規範整理出三類型之規定，其中第三類即依公式（6-8）計算之。而規範對各種邊界條件及載重作用應使用的 φ 值如表6-1及6-2所示。

表 6-1 （$f_a/F_a > 0.15$）情形下各種載重作用之減弱因子

類型	載重情況	f_b	C_m	備註
A	有橫向位移且端彎矩最大	$\dfrac{M_2}{S}$	0.85	
B	無橫向位移且無橫向載重，端彎矩最大	$\dfrac{M_2}{S}$	$0.6 - 0.4\left(\dfrac{M_1}{M_2}\right)$	
C	無橫向位移但有橫向載重，端彎矩未必最大	$\dfrac{M_2}{S}$ $\dfrac{M_3}{S}$	$1 + \varphi f_a/F_e'$	

表 6-2　AISC（C1.6.1）類型 C 中無橫移 C_m 梁柱值一覽表

載重情況	C_m	載重情況	C_m
	1.0		$1-0.2\alpha$
	正彎矩：$1-0.3\alpha$ 負彎矩：$1-0.4\alpha$		正彎矩：$1-0.4\alpha$ 負彎矩：$1-0.3\alpha$
	正彎矩：$1-0.4\alpha$ 負彎矩：$1-0.4\alpha$		正彎矩：$1-0.6\alpha$ 負彎矩：$1-0.2\alpha$

6.2 軸力與彎矩之互制作用

一、材料力學的互制作用觀念

依照材料力學合成應力的觀念，同時承受軸力及雙向彎矩作用的 H 型鋼（如圖 6-1c），直接將各種作用力對某一點（如 A 點）產生的正向應力疊加起來即可。

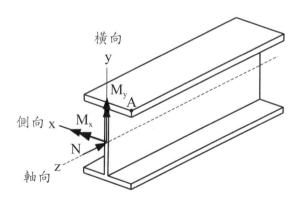

圖 6-1c　H 型鋼同時承受軸壓力及雙向彎矩作用示意圖

作用在 A 點的正向應力

$$(\sigma_A)_z = \frac{N}{A} + \frac{M_x}{S_x} + \frac{M_y}{S_y} \tag{6-9}$$

斷面的容許正向應力 σ_a 爲（材料的降伏應力 σ_y）÷（安全因子 F.S.）

$$\sigma_a = \frac{\sigma_y}{F.S.} \tag{6-10}$$

原則上（外力作用之應力）≤（容許正向應力）就是「安全」，故令（6-9）式 ≤（6-10）式

$$\left[(\sigma_A)_z = \frac{N}{A} + \frac{M_x}{S_x} + \frac{M_y}{S_y}\right] \leq \left(\sigma_a = \frac{\sigma_y}{F.S.}\right)，整理後得$$

$$\frac{(\sigma_A)_z}{\sigma_a} = \frac{\dfrac{N}{A}}{\dfrac{\sigma_y}{F.S.}} + \frac{\dfrac{M_x}{S_x}}{\dfrac{\sigma_y}{F.S.}} + \frac{\dfrac{M_y}{S_y}}{\dfrac{\sigma_y}{F.S.}} \leq 1.0 \tag{6-11}$$

（6-11）式即爲材料力學中的軸力彎矩互制方程式（interaction equation）。進一步考慮軸力及不同方向彎矩的安全因子理應有所不同，（6-11）可改爲

$$\frac{\dfrac{N}{A}}{\sigma_y/(F.S.)_{軸壓力}} + \frac{\dfrac{M_x}{S_x}}{\sigma_y/(F.S.)_{x 向彎矩}} + \frac{\dfrac{M_y}{S_y}}{\sigma_y/(F.S.)_{y 向彎矩}} \leq 1.0 \tag{6-12}$$

若以鋼結構設計慣用的符號代入上式，即得

$$\frac{f_a}{F_a} + \frac{f_{bx}}{F_{bx}} + \frac{f_{by}}{F_{by}} \leq 1.0 \tag{6-13}$$

（6-13）式即考慮構件同時承受軸壓力、雙向彎矩作用時使用不同安全因子情形下的軸力彎矩互制方程式。

二、LRFD 軸力─彎矩互制圖

所謂軸力─彎矩互制圖就是將前段所述各種軸力與彎矩互制公式中「等於 1.0 的臨界值」，以平面圖形繪製出來；這些臨界值所構成的圖形即爲一條條直線或曲線。由於 LRFD 規範對於軸力─彎矩的互制公式只

有二條，即拉壓軸力採同一公式判別。因此先從 LRFD 互制圖加以說明。爲簡化問題的複雜性，本節僅以「軸壓力及單軸彎矩作用」的情形爲例來說明。

依 LRFD 規範，單軸彎矩的軸壓力—彎矩互制公式：

1. 對於較大軸壓力$\dfrac{P_u}{\phi P_n} \geq 0.2$情形，

$$\frac{P_u}{\phi P_n} + \frac{8}{9}\frac{M_u}{\phi_b M_n} \leq 1.0 \qquad (6\text{-}14)$$

2. 對於較小軸壓力$\dfrac{P_u}{\phi P_n} < 0.2$情形，

$$\frac{P_u}{2\phi P_n} + \frac{M_u}{\phi_b M_n} \leq 1.0 \qquad (6\text{-}15)$$

繪製圖形時將$\dfrac{P_u}{\phi P_n}$視爲 y 軸（垂直軸）、$\dfrac{M_u}{\phi_b M_n}$視爲 x 軸（水平軸）；至此，（6-14）及（6-15）二公式可以改寫成二條二元一次之線性方程式，並將「≤ 1.0」改爲「= 1.0」的臨界條件。

$$y \geq 0.2，y + \frac{8}{9}x = 1.0，y = 1.0 - \frac{8}{9}x \qquad (6\text{-}16)$$

$$y < 0.2，\frac{y}{2} + x = 1.0，y = 2.0 - 2x \qquad (6\text{-}17)$$

吾人可依（6-16）及（6-17）二條線性方程式繪製二條臨界線（如圖 6-2 所示），由於軸力—彎矩互制公式必須以「≤ 1.0」爲前提，故臨界線之內側才是構件安全之受力條件，反之臨界線之外側則爲構件不安全之受力條件。在圖 6-2 中二條線的轉折點即爲較大軸壓力及較小軸壓力的分界點，此時垂直軸高度等於 0.2，其所對應的水平軸位置等於 0.9，吾人亦將 y = 0.2 代入公式（6-17）中得到 x = 0.9。此表示係數化的彎矩已經達到設計彎矩的 90%，而此時係數化的軸壓力僅達設計軸壓力的 20%，形成大彎矩、小軸力之力學現象。故 LRFD 將此時的梁柱構件視爲由梁的行爲來控制，因此將小軸力的部分以 1/2 再予折減軸壓力的影響。

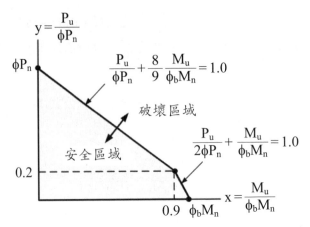

圖 6-2　LRFD 梁柱構件之軸壓力 - 單軸彎矩互制示意圖

三、ASD 軸力—彎矩互制圖

由於 ASD 的軸力—彎矩互制公式於拉力作用和壓力作用時不同，光是壓彎構件就有三條公式。繪製的方法如同 LRFD 一般，此處僅考慮軸壓力及單軸彎矩作用的情形。

依 ASD 規範，單軸彎矩的軸壓力—彎矩互制公式：

1. 對於較大軸壓力 $\dfrac{f_a}{F_a} > 0.15$ 情形，

$$\frac{f_a}{0.6F_y} + \frac{f_b}{F_b} \leq 1.0 \tag{6-18}$$

$$\frac{f_a}{F_a} + \left(\frac{C_m}{1 - f_a/F_e'}\right)\frac{f_b}{F_b} \leq 1.0 \tag{6-19}$$

2. 對於較小軸壓力 $\dfrac{f_a}{F_a} \leq 0.15$ 情形，

$$\frac{f_a}{F_a} + \frac{f_b}{F_b} \leq 1.0 \tag{6-20}$$

繪製圖形時將 f_a 視為 y 軸（垂直軸）、f_b 視為 x 軸（水平軸），而將 $0.6F_y$、F_a、F_b、F_e' 等視為常數；至此，（6-18）、（6-19）及（6-20）

三公式可以改寫成二條二元一次之線性方程式及一條二元一次非線性方程式，並將「≤ 1.0」改爲「= 1.0」的臨界條件。

$$y > 0.15 , \frac{y}{0.6F_y} + \frac{x}{F_b} = 1.0 \tag{6-21}$$

$$y > 0.15 , \frac{y}{F_a} + \left(\frac{1}{1 - y/F_e'}\right)\frac{x}{F_b/C_m} = 1.0 \tag{6-22}$$

$$y \le 0.15 , \frac{y}{F_a} + \frac{x}{F_b} = 1.0 \tag{6-23}$$

　　吾人可由降伏性準則方程式（6-21）式的二個邊界點（x = 0, y = $0.6F_y$），（x = F_b, y = 0）連成一條直線，接著由小軸力準則方程式（6-23）的二個邊界點（x = 0, y = F_a），（x = F_b, y = 0）連得第二條線，最後再由穩定性準則方程式（6-22）的二個邊界點（x = 0, y = F_a），（x = F_b/C_m, y = 0）繪出一條曲線，如此繪製的臨界線範圍如圖 6-3 所示。由於軸力─彎矩互制公式必須以「≤ 1.0」爲前提，故臨界線之內側才是構件安全之受力條件，反之臨界線之外側則爲構件不安全之受力條件。

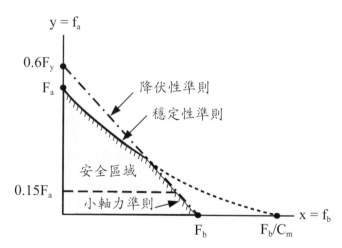

圖 6-3　ASD 梁柱構件之軸壓力─單軸彎矩互制示意圖

6.3 ASD 梁柱構件之容許強度及分析

一、ASD 梁柱構件之容許強度

由 6.1 節吾人已知 C_m 是一個與彎矩分布及梁柱端點支撐條件有關的修正因子，針對節點有無橫向位移、有無橫向載重及端點束制情況，ASD 規定如下：

（一）梁柱構件之節點「有」橫向位移：

1. 構件間無橫向載重 $C_m = 0.85$。
2. 構件間有橫向載重 $C_m = 1.0$。

（二）梁柱構件之節點「無」橫向位移：

1. 構件間無橫向載重 $C_m = 0.6 - 0.4\left(\dfrac{M_1}{M_2}\right)$，且 $\dfrac{M_1}{M_2}$ 比值在單曲率時取負，在雙曲率時取正。美國 AISC-ASD 第 8 版及 AISC-LRFD 第 1 版有 $C_m = 0.6 - 0.4\left(\dfrac{M_1}{M_2}\right) \geq 0.4$ 的規定，而在 1989 年 AISC-ASD 第 9 版及 1993 年 AISC-LRFD 第 2 版均已刪除 $C_m \geq 0.4$ 的規定，且臺灣的 ASD 並無 $C_m \geq 0.4$ 的規定。

2. 構件間「有」橫向載重：

　　(1) 兩端節點均有束制 $C_m = 0.85$。

　　(2) 兩端節點均無束制 $C_m = 1.0$。

　　(3) 一端節點有束制、一端無束制 $C_m = 1.0$。

　　(4) 依照實際束制情況查表 6-2，計算 $C_m = 1 + \varphi f_a/F_e'$，其中 F_e' 即為

$$\text{ASD 柱的容許挫屈應力} = \frac{12\pi^2 E}{23\left(\dfrac{KL}{r}\right)^2} = \frac{\pi^2 E}{1.92\left(\dfrac{KL}{r}\right)^2}。$$

吾人可令（6-19）式中的 $\left(\dfrac{C_m}{1 - f_a/F_e'}\right) = A_F$，稱為放大因子，值得注意的是構件的細長比有強軸及弱軸之分，同樣的 C_m 及 A_F 也都有強軸及弱軸

之分。基本上放大因子 A_F 中的 $\left(\dfrac{1}{1-f_a/F_e}\right)$ 通常會大於 1.0，但 ASD 規範認為經與 C_m 相乘後 A_F 不必強制 ≥ 1.0，如果計算所得之 $A_F < 1.0$ 還是允許被使用。

　　當梁柱構件承受軸「拉」力及雙向彎矩作用時，沒有穩定性的問題，也不需考慮二次彎矩及放大效應，也不會有大小軸力的區別，僅以各項容許強度疊加以下式檢核即可：

$$\frac{f_a}{F_a}+\frac{f_{bx}}{F_{bx}}+\frac{f_{by}}{F_{by}}\leq 1.0 \qquad\qquad 同（6\text{-}13）$$

　　然而當梁柱構件承受軸「壓」力及雙向彎矩作用時（如圖 6-4），需區分較大軸力還是較小軸力之作用，其檢核計算式改為：

1. 當 $f_a/F_a \leq 0.15$ 時不需考慮二次彎矩

$$\frac{f_a}{F_a}+\frac{f_{bx}}{F_{bx}}+\frac{f_{by}}{F_{by}}\leq 1.0 \qquad\qquad 同（6\text{-}13）$$

2. 當 $f_a/F_a > 0.15$ 時要需考慮二次彎矩

$$\frac{f_a}{F_a}+\frac{C_{mx}f_{bx}}{(1-f_a/F_{ex}')F_{bx}}+\frac{C_{my}f_{by}}{(1-f_a/F_{ey}')F_{by}}\leq 1.0 \qquad（6\text{-}24）$$

且
$$\frac{f_a}{0.6F_y}+\frac{f_{bx}}{F_{bx}}+\frac{f_{by}}{F_{by}}\leq 1.0 \qquad（6\text{-}25）$$

圖 6-4　梁柱構件承受軸力及雙向彎矩作用鋼結構照片

【例題 6-1】如下圖，有一梁柱構件，已知其兩端爲鉸接，使用 W 型鋼材，試檢驗該梁柱是否安全？

型鋼斷面性質：

$F_y = 2.52tf/cm^2$，$A = 240cm^2$，$b_f = 38cm$，$S_x = 3310cm^3$，$r_x = 16cm$，$S_y = 1180cm^3$，$r_y = 9.5cm$，$r_T = 10.4cm$，$\dfrac{A_f}{d} = 2.5cm$，$E = 2100tf/cm^2$，

$$F_e' = \frac{12\pi^2 E}{23\left(\dfrac{KL}{r}\right)^2}$$

解：

1. 軸向壓應力及彎曲應力計算：

$$f_a = \frac{P}{A} = \frac{120 \times 10^3}{240} = 500kgf/cm^2$$

$$f_{bx} = \frac{M_x}{S_x} = \frac{15 \times 10^5}{3310} = 453.2kgf/cm^2$$

$$f_{by} = \frac{M_y}{S_y} = \frac{5 \times 10^5}{1180} = 423.7kgf/cm^2$$

2. 容許壓應力計算：y 軸控制，k = 1.0

$$C_c = \sqrt{\frac{2\pi^2 E}{F_y}} = \sqrt{\frac{2\pi^2(2.1 \times 10^6)}{2520}} = 128.25$$

$$\left(\frac{KL}{r}\right)_y = \frac{450}{9.5} = 47.37 < 128.25，屬非彈性挫屈。$$

$$R = \frac{kL/r}{C_c} = \frac{47.37}{128.25} = 0.369$$

$$F_a = \frac{(1 - R^2/2)F_y}{5/3 + 3R/8 - R^3/8} = \frac{(1 - 0.369^2/2)(2520)}{5/3 + 3/8(0.369) - 1/8(0.369)^3}$$

$$= 1305.5kgf/cm^2$$

$$\frac{f_a}{F_a} = \frac{500}{1305.5} = 0.383 > 0.15$$

右圖標示：

P = 120tf　　　　P = 120tf

$M_x = 12tf\text{-}m$　　　$M_y = 4tf\text{-}m$

450cm

$M_x = 15tf\text{-}m$　　　$M_y = 5tf\text{-}m$

P = 120tf　　　　P = 120tf

3.容許彎曲應力計算

$$L_c = \frac{640b_f}{\sqrt{F_y}} = \frac{640 \times 38}{\sqrt{2520}} = 484.5 \text{cm}$$

$$L_u = \frac{1400000}{\dfrac{d}{A_f}F_y} = \frac{1400000}{\dfrac{1}{2.5} \times 2520} = 1388.9 \text{cm}$$

$$L_b = 450 < 484.5 = L_c，假設使用結實斷面$$

$$F_{bx} = 0.66F_y = 0.66 \times 2520 = 1663.2 \text{kgf/cm}^2$$

$$F_{by} = 0.75F_y = 0.75 \times 2520 = 1890.0 \text{kgf/cm}^2$$

4.彎矩放大因子及減弱因子計算

$$C_{mx} = 0.6 - 0.4\left(\frac{M_1}{M_2}\right) = 0.6 - 0.4\left(-\frac{12}{15}\right) = 0.92 \geq 0.4$$

$$C_{my} = 0.6 - 0.4\left(\frac{M_1}{M_2}\right) = 0.6 - 0.4\left(\frac{4}{5}\right) = 0.28 < 0.4$$

$$\left(\frac{KL}{r}\right)_x = \frac{1.0 \times 450}{16} = 28.13$$

$$F'_{ex} = \frac{12\pi^2 E}{23\left(\dfrac{KL}{r}\right)_x^2} = \frac{12 \times 2.1 \times 10^6}{23(28.13)^2} = 13670.6 \text{kgf/cm}^2$$

$$1 - f_a/F_{ex}' = 1 - \frac{500}{13670.6} = 0.9634$$

$$(A_F)_x = \frac{C_{mx}}{1 - f_a/F_{ex}'} = \frac{0.92}{0.9634} = 0.9550$$

$$F_{ey}' = \frac{12\pi^2 E}{23\left(\dfrac{KL}{r}\right)_y^2} = \frac{12 \times 2.1 \times 10^6}{23(45.57)^2} = 4819.1 \text{kgf/cm}^2$$

$$1 - f_a/F_{ey}' = 1 - \frac{500}{4819.1} = 0.8962$$

$$(A_F)_y = \frac{C_{my}}{1 - f_a/F_{ey}'} = \frac{0.28}{0.8962} = 0.3124$$

5.斷面強度檢核

因 $\dfrac{f_a}{F_a} > 0.15$，需檢驗下列二式：

$$\dfrac{f_a}{F_a} + \dfrac{C_{mx}f_{bx}}{(1 - f_a/F_{ex}')F_{bx}} + \dfrac{C_{my}f_{by}}{(1 - f_a/F_{ey}')F_{by}} = \dfrac{500}{1305.5} + 0.9550\dfrac{453.2}{1663.2}$$

$$+ 0.3124\dfrac{423.7}{1890.0} = 0.713 \leq 1.0 \quad OK$$

$$\dfrac{f_a}{0.6F_y} + \dfrac{f_{bx}}{F_{bx}} + \dfrac{f_{by}}{F_{by}} = \dfrac{500}{0.6 \times 2520} + \dfrac{453.2}{1663.2} + \dfrac{423.7}{1890.0} = 0.827 \leq 1.0 \quad OK$$

故此梁柱構件爲安全。

二、ASD 梁柱構件之分析步驟

由前段相關說明，吾人可整理出 ASD 梁柱構件之分析作業步驟如下：

步驟一、依載重組合規定計算梁柱構材之工作軸力及彎矩值

1. 只考慮靜載重時 $P = P_D$，$M = M_D$。

2. 同時考慮靜載重及活載重時 $P = P_D + P_L$，$M = M_D + M_L$。

步驟二、計算柱構件的影響

1. 求工作軸壓應力 $f_a = \dfrac{P}{A} = \dfrac{P_D + P_L}{A}$。

　(1) 梁柱承受軸壓力及彎矩：計算最大細長比，判斷彈性或非彈性挫屈。

　　計算容許軸壓強度 F_a，判斷大小軸力作用 $f_a/F_a >$ 或 ≤ 0.15。

　(2) 梁柱承受軸拉力及彎矩：計算容許軸拉強度 F_t（全斷面降伏或有效斷面斷裂或塊狀撕裂三者取小值）

步驟三、計算梁構件的影響

1. 計算工作彎曲應力 $f_b = \dfrac{M}{S_{min}} = (M_D + M_L)/S_{min}$ ：

  (1) 降伏性準則，取支承處最大值；

  (2) 穩定性及小軸力準則，取全梁柱最大。

2. 計算 $C_b = 1.75 + 1.05\left(\dfrac{M_1}{M_2}\right) + 0.3\left(\dfrac{M_1}{M_2}\right)^2$。

3. 計算 L_c、L_u，判斷結實性及計算容許彎矩強度 F_b：

  (1) 強軸：$F_{bx} = \max$（搞翹曲強度 F_{bx1}，抗扭轉強度 F_{bx2}）

  (2) 弱軸：結實斷面 $F_{by} = 0.75F_y$。

步驟四、計算梁柱構件的影響

1. 計算 C_{mx} 及 C_{my}。

2. 計算 F'_{ex} 及 F'_{ey}：$F'_{ex} = \dfrac{12\pi^2 E}{23\left(\dfrac{KL}{r}\right)_x^2}$，$F'_{ey} = \dfrac{12\pi^2 E}{23\left(\dfrac{KL}{r}\right)_y^2}$。

3. 計算放大因子 A_F：$(A_F)_x = \left(\dfrac{C_{mx}}{1 - f_a/F'_{ex}}\right)$，$(A_F)_y = \left(\dfrac{C_{my}}{1 - f_a/F'_{ey}}\right)$。

步驟五、檢核梁柱構件之強度

1. 梁柱構件承受軸壓力及雙向彎矩

  (1) 較大軸力作用：$\dfrac{f_a}{F_a} > 0.15$

  A. 降伏性準則 $\dfrac{f_a}{0.6F_y} + \dfrac{f_{bx}}{F_{bx}} + \dfrac{f_{by}}{F_{by}} \leq 1.0$；

  B. 穩定性準則 $\dfrac{f_a}{F_a} + \dfrac{C_{mx}f_{bx}}{(1 - f_a/F'_{ex})F_{bx}} + \dfrac{C_{my}f_{by}}{(1 - f_a/F'_{ey})F_{by}} \leq 1.0$。

  (2) 較小軸力作用：$\dfrac{f_a}{F_a} \leq 0.15$

  小軸力準則 $\dfrac{f_a}{F_a} + \dfrac{f_{bx}}{F_{bx}} + \dfrac{f_{by}}{F_{by}} \leq 1.0$。

2. 梁柱構件承受軸拉力及雙向彎矩

$$\frac{f_a}{F_a} + \frac{f_{bx}}{F_{bx}} + \frac{f_{by}}{F_{by}} \leq 1.0 \, \circ$$

6.4 ASD 梁柱構件之設計

由於梁柱構件是各種鋼結構中最常出現的構件種類，加上跨度數、樓層數、邊界束制條件、載重作用力組合方式之不同，所產出可能的梁柱構件型式就多到無法一一列舉，也很難找出一體適用的設計作業步驟，一般教科書對「梁柱構件的設計」也都予以省略不提。本書也只能嘗試著整理出一種概括式的 ASD 設計步驟，供讀者參閱，茲說明如下。

步驟一、相關參數的選用

根據結構物所在位置、使用需求及經驗案例，選用初步的結構物型式、構件尺寸（跨度、高度、斷面大小、鋼材規格及性質）及邊界束制條件、靜載重、活載重、節點接合方式（焊接或栓接）等。

步驟二、依載重組合規定（或整體結構分析）計算梁柱構材之工作 軸力及彎矩值

1. 只考慮靜載重時 $P = P_D$，$M = M_D$。
2. 考慮靜載重及活載重時 $P = P_D + P_L$，$M = M_D + M_L$。

步驟三、依初步選用斷面及型鋼尺寸，計算柱構件的影響

1. 求工作軸壓應力 $f_a = \dfrac{P}{A} = \dfrac{P_D + P_L}{A}$。

   ⑴ 梁柱承受軸壓力及彎矩：計算最大細長比，判斷彈性或非彈性挫屈。

   計算容許軸壓強度 F_a，判斷大小軸力作用 $f_a/F_a >$ 或 ≤ 0.15。

   ⑵ 梁柱承受軸拉力及彎矩：計算容許軸拉強度 F_t（全斷面降伏或

有效斷面斷裂或塊狀撕裂三者取小值）

步驟四、依初步選用相關條件，計算梁構件的影響

1. 計算工作彎曲應力 $f_b = \dfrac{M}{S_{min}} = (M_D + M_L)/S_{min}$：

　(1)降伏性準則，取支承處最大值；

　(2)穩定性及小軸力準則，取全梁柱最大值。

2. 計算 $C_b = 1.75 + 1.05\left(\dfrac{M_1}{M_2}\right) + 0.3\left(\dfrac{M_1}{M_2}\right)^2$。

3. 計算 L_c、L_u，判斷結實性及計算容許彎矩強度 F_b：

　(1)強軸：$F_{bx} = \max$（抗翹曲強度 F_{bx1}，抗扭轉強度 F_{bx2}）

　(2)弱軸：結實斷面 $F_{by} = 0.75F_y$。

步驟五、依初步選用相關條件，計算梁柱構件的影響

1. 計算 C_{mx} 及 C_{my}。

2. 計算 F'_{ex} 及 F'_{ey}：$F'_{ex} = \dfrac{12\pi^2 E}{23\left(\dfrac{KL}{r}\right)_x^2}$，$F'_{ey} = \dfrac{12\pi^2 E}{23\left(\dfrac{KL}{r}\right)_y^2}$。

3. 計算放大因子 A_F：$(A_F)_x = \left(\dfrac{C_{mx}}{1 - f_a/F'_{ex}}\right)$，$(A_F)_y = \left(\dfrac{C_{my}}{1 - f_a/F'_{ey}}\right)$。

步驟六、檢核梁柱構件之強度

1. 梁柱構件承受軸壓力及雙向彎矩：

　(1)較大軸力作用：$\dfrac{f_a}{F_a} > 0.15$

　　A.降伏性準則 $\dfrac{f_a}{0.6F_y} + \dfrac{f_{bx}}{F_{bx}} + \dfrac{f_{by}}{F_{by}} \leq 1.0$；

　　B.穩定性準則 $\dfrac{f_a}{F_a} + \dfrac{C_{mx}f_{bx}}{(1 - f_a/F'_{ex})F_{bx}} + \dfrac{C_{my}f_{by}}{(1 - f_a/F'_{ey})F_{by}} \leq 1.0$。

　(2)較小軸力作用：$\dfrac{f_a}{F_a} \leq 0.15$

小軸力準則 $\dfrac{f_a}{F_a} + \dfrac{f_{bx}}{F_{bx}} + \dfrac{f_{by}}{F_{by}} \leq 1.0$。

2. 梁柱構件承受軸拉力及雙向彎矩：

$$\frac{f_a}{F_a} + \frac{f_{bx}}{F_{bx}} + \frac{f_{by}}{F_{by}} \leq 1.0 \text{。}$$

3. 如果以上 1 項及 2 項之二條件均符合，則設計完成；如有任一項不符合，則需重新選用其他型鋼尺寸，回到步驟三、四、五及六，重複這些步驟直到檢算公式完全符合為止。

　　如果梁柱構件只承受軸力及單向彎矩作用，則步驟三、四、五及六的檢算公式只需留下軸力及該單向彎矩作用軸的算式即可。

6.5 LRFD 梁柱構件之標稱強度及分析

一、LRFD 梁柱構件之標稱強度

LRFD 對梁柱構件之分析及強度的規定如下：

1. 對稱斷面承受軸力及雙向彎矩作用時，需滿足下列二式

(1) 對於較大軸力 $\dfrac{P_u}{\phi P_n} \geq 0.2$ 情形

$$\frac{P_u}{\phi P_n} + \frac{8}{9}\left(\frac{M_{ux}}{\phi_b M_{nx}} + \frac{M_{uy}}{\phi_b M_{ny}}\right) \leq 1.0 \tag{6-26}$$

(2) 對於較小軸力 $\dfrac{P_u}{\phi P_n} < 0.2$ 情形

$$\frac{P_u}{2\phi P_n} + \frac{M_{ux}}{\phi_b M_{nx}} + \frac{M_{uy}}{\phi_b M_{ny}} \leq 1.0 \tag{6-27}$$

其中 P_u 為係數化軸力

P_n 為標稱軸力強度 $= F_y A_g$ 或 $F_u A_e$（拉力構件）

$\qquad\qquad\qquad\quad = F_{cr} A_g \qquad$（壓力構件）

M_u 為放大彎矩，M_n 為標稱彎矩強度

為強度折減因子 $\phi_t = 0.9$（降伏）或 0.75（斷裂）（拉力構件）

$$\phi_c = 0.85 \qquad\qquad （壓力構件）$$

$$\phi_b = 0.9 \qquad\qquad （梁構件）$$

2. 放大彎矩 M_u 之計算

$$M_u = B_1 M_{nt} + B_2 M_{lt} \qquad\qquad （6\text{-}28）$$

其中 M_{nt} 為不造成構架橫向位移之極限彎矩

M_{lt} 為造成構架橫向位移之極限彎矩

B_1 為無橫向位移部分之放大因子

B_2 為有橫向位移部分之放大因子

⑴ B_1 之計算方式：

A. 含斜撐（無橫向位移）構架之受壓構件，支撐點間「無」橫向載重作用時

$$C_m = 0.64\left(1 - \frac{M_1}{M_2}\right) + 0.32\frac{M_1}{M_2}\left(1 - \frac{P_u}{P_{e1}}\right) \qquad\qquad （6\text{-}29）$$

$$B_1 = \frac{C_m}{1 - \dfrac{P_u}{P_{e1}}} = \frac{0.64}{1 - \dfrac{P_u}{P_{e1}}}\left(1 - \frac{M_1}{M_2}\right) + 0.32\frac{M_1}{M_2} \geq 1.0 \qquad\qquad （6\text{-}30）$$

其中 $P_{e1} = A_g F_y / \lambda_c^{\,2}$ 為構架「無」橫向位移時之 Euler 載重

$$\lambda_c = \frac{kl}{\pi r}\sqrt{\frac{F_y}{E}}\,，\ k \leq 1.0$$

M_1 為較小的極限彎矩、M_2 為較大的極限彎矩

$\dfrac{M_1}{M_2}$ 取正值，當受壓構件呈雙曲率變形

$\dfrac{M_1}{M_2}$ 取負值，當受壓構件呈單曲率變形

B. 含斜撐（無橫向位移）構架之受壓構件，支撐點間「有」橫向載重作用時

$$B_1 = \frac{C_m}{1 - \dfrac{P_u}{P_{e1}}} \geq 1.0 \qquad\qquad （6\text{-}31）$$

a. 當端點「有」束制時 $C_m = 0.85$

$$B_1 = \frac{0.85}{1 - \dfrac{P_u}{P_{e1}}} \geq 1.0 \qquad (6\text{-}32)$$

b. 當端點「無」束制時 $C_m = 1.0$

$$B_1 = \frac{1.0}{1 - \dfrac{P_u}{P_{e1}}} \geq 1.0 \qquad (6\text{-}33)$$

(2) B_2 之計算方式：

$$B_2 = \frac{1.0}{1 - \dfrac{\Sigma P_u}{\Sigma P_{e2}}} \qquad (6\text{-}34)$$

$$\text{或} \quad B_2 = \frac{1.0}{1 - \dfrac{(\Sigma P_u)\Delta_{oh}}{(\Sigma H)L}} \qquad (6\text{-}35)$$

其中 ΣP_u 為同一樓層中所有柱軸力之和

Δ_{oh} 為樓層之橫向位移

ΣH 為樓層之剪力、L 為樓層之高度

$P_{e2} = A_g F_y / \lambda_c^2$ 為構架「有」橫向位移時之 Euler 載重

$\lambda_c = \dfrac{kl}{\pi r} \sqrt{\dfrac{F_y}{E}}$，$k \geq 1.0$

【例題 6-2】有一梁柱構件長 3m，已知其底端為固接、頂端弱軸有側撐，構件頂端承受 300tf 之係數化偏心軸向載重，使用 W14×109 熱軋型鋼，剪力圖及彎矩圖如圖 6-5 所示，試檢算該梁柱構件若要滿足 LRFD 的規定，最大容許偏心 e 為多大？

型鋼斷面性質：

A = 206.5cm²，I_x = 51609cm⁴，S_x = 2835cm³，r_x = 15.8cm，Z_x = 3146cm³，I_y = 18604cm⁴，S_y = 1003cm³，r_y = 9.47cm，Z_y = 1519cm³，

$$L_P = \frac{80r_y}{\sqrt{F_{yf}}} = 405\text{cm}，F_y = 3.5\text{tf/cm}^2，E = 2040\text{tf/cm}^2$$

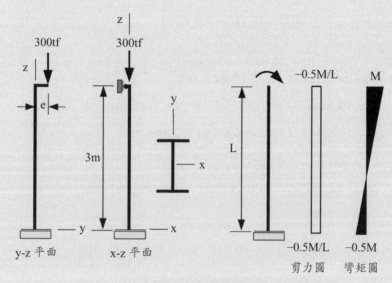

圖 6-5　梁柱構件承受軸壓力與彎矩示意圖

解：

1.計算放大彎矩：僅強軸有彎矩且有橫向位移，故需求 B_2 及 P_{e2}（k ≥ 1.0）

$M_{nt} = 0$，$M_{lt} = 300e \times 10^3 = 3e \times 10^5 \text{kgf-cm}$，$P_u = 300\text{tf}$

$$P_{e2} = \frac{A_g F_y}{\lambda_c^2} = \frac{A_g F_y}{\left(\dfrac{kl}{\pi r}\sqrt{\dfrac{F_y}{E}}\right)^2} = \frac{\pi^2 E I_x}{(k_x l_x)^2} = \frac{\pi^2 \times 2.04 \times 10^6 \times 51609}{(2.1 \times 300)^2}$$

$$= 2615374\text{kgf} = 2615.37\text{tf}$$

$$B_2 = \frac{1.0}{1 - \dfrac{\sum P_u}{\sum P_{e2}}} = \frac{1}{1 - \dfrac{300}{2615.37}} = 1.130$$

$$M_{ux} = B_2 M_{lt} = 1.130 \times 3e \times 10^5 = 3.39e \times 10^5 \text{kgf-cm}$$

2.計算標稱軸向強度 P_n 及標稱彎矩強度 M_n

$$\left(\frac{kl}{r}\right)_x = \frac{2.1 \times 300}{15.8} = 39.87 \text{（控制）}$$

$$\left(\frac{kl}{r}\right)_y = \frac{0.8 \times 300}{9.47} = 25.34$$

$$\lambda_c = \frac{kl}{\pi r}\sqrt{\frac{F_y}{E}} = \frac{39.87}{\pi}\sqrt{\frac{3500}{2.04 \times 10^6}} = 0.526 < 1.5$$

$$F_{cr} = (0.658^{\lambda_c^2})F_y = \left[0.658^{(0.526)^2}\right]3500 = 3117.3\,\text{kgf/cm}^2$$

$$P_n = F_{cr}A_g = 3117.3 \times 206.5 = 643722\,\text{kgf}$$

$$L_b = 300 < L_P = 405\,\text{cm}$$

$$M_{nx} = M_p = Z_x F_y = 3146 \times 3500 = 11011000\,\text{kgf-cm}$$

3.計算容許偏心距 e

$$\frac{P_u}{\phi_c P_n} = \frac{300 \times 10^3}{0.85 \times 643722} = 0.548 > 0.2\text{，屬較大軸力情形}$$

$$\frac{P_u}{\phi_c P_n} + \frac{8}{9}\left(\frac{M_{ux}}{\phi_b M_{nx}}\right) = 0.548 + \frac{8}{9}\left(\frac{3.39e \times 10^5}{0.9 \times 11011000}\right) \leq 1.0$$

解得 e ≤ 14.86cm，故最大的容許偏心距為 14.86cm。

二、LRFD 梁柱構件之分析步驟

吾人可整理出 LRFD 梁柱構件之分析作業步驟如下：

步驟一、依載重組合規定計算梁柱構材之係數化軸力及彎矩值

1. 只考慮靜載重時 $P_u = 1.4P_D$，$M_u = 1.4M_D$。

2. 同時考慮靜載重及活載重時 $P_u = 1.2P_D + 1.6P_L$，$M_u = 1.2M_D + 1.6M_L$。

步驟二、計算柱構件的影響

1. 梁柱承受軸「壓」力及彎矩作用

⑴ 求係數化軸壓力 P_u

⑵計算最大細長比，判斷彈性挫屈（$\lambda_c > 1.5$）或非彈性挫屈（$\lambda_c \leq 1.5$）

⑶計算斷面軸壓強度$\phi_c P_n$。

⑷判斷大小軸力作用（若 P_u 屬待求之未知數，可假設以較大軸力情形來計算）

   A. $\dfrac{P_u}{\phi_c P_n} \geq 0.2$，使用較大軸力準則

   B. $\dfrac{P_u}{\phi_c P_n} < 0.2$，使用較小軸力準則

2. 梁柱承受軸「拉」力及彎矩作用

⑴求係數化軸拉力 P_u

⑵計算斷面軸拉強度$\phi_t P_n$ 全斷面降伏或有效斷面斷裂或塊狀撕裂三者取小值

⑶判斷大小軸力作用（若 P_u 屬待求之未知數，可假設以較大軸力情形來計算）

   A. $\dfrac{P_u}{\phi_t P_n} \geq 0.2$，使用較大軸力準則

   B. $\dfrac{P_u}{\phi_t P_n} < 0.2$，使用較小軸力準則

步驟三、計算梁構件的影響

1. 計算：

⑴承受軸壓力及彎矩之「無」橫向位移構架，只求 M_{nt}

⑵承受軸壓力及彎矩之「有」橫向位移構架，求 M_{nt} 及 M_{lt}

⑶承受軸拉力及彎矩之構件，不論橫向位移，不分 M_{nt}、M_{lt}，直接計算 M_u

2. 計算$C_b = 1.75 + 1.05\left(\dfrac{M_1}{M_2}\right) + 0.3\left(\dfrac{M_1}{M_2}\right)^2$，或保守取 $C_b = 1.0$

3. 計算斷面彎矩強度$\phi_b M_n$：

(1) 強軸：若為結實斷面

A. 不發生 L.T.B. 情形：

$L_b \leq L_p$，$\phi_b M_{nx} = 0.9 M_p$

B. 非彈性 L.T.B. 情形：

$L_p < L_b \leq L_r$，$\phi_b M_{nx} = 0.9 C_b \left[M_p - (M_p - M_r)\left(\dfrac{L_b - L_p}{L_r - L_p}\right)\right] \leq 0.9 M_p$

C. 彈性 L.T.B. 情形：

$L_b > L_r$，$\phi_b M_{nx} = 0.9 M_{cr}$

(2) 弱軸：若為結實斷面$\phi_b M_{ny} = 0.9 M_p \leq 0.9(1.5 M_y)$。

步驟四、計算梁柱構件的影響

1. 計算構架「無」橫向位移之 B_{1x} 及 B_{1y}

(1) 計算 P_{e1x} 及 P_{e1y}：$\lambda_c = \dfrac{kl}{\pi r} \sqrt{\dfrac{F_y}{E}}$

$P_{e1x} = \dfrac{A_g F_y}{\lambda_{cx}^2}$，$P_{e1y} = \dfrac{A_g F_y}{\lambda_{cy}^2}$（請注意$P_{e1}$中之柱長度有效係數$k \leq 1.0$）

(2) 計算 C_{mx} 及 C_{my}

(3) 計算$B_{1x} = \dfrac{C_{mx}}{1 - \dfrac{P_u}{P_{e1x}}} \geq 1.0$及$B_{1y} = \dfrac{C_{my}}{1 - \dfrac{P_u}{P_{e1y}}} \geq 1.0$

2. 計算構架「有」橫向位移之 B_{2x} 及 B_{2y}

(1) 計算 P_{e2x} 及 P_{e2y}：$\lambda_c = \dfrac{kl}{\pi r} \sqrt{\dfrac{F_y}{E}}$

$P_{e2x} = \dfrac{A_g F_y}{\lambda_{cx}^2}$，$P_{e2y} = \dfrac{A_g F_y}{\lambda_{cy}^2}$（請注意$P_{e2}$中之柱長度有效係數$k \geq 1.0$）

(2) 計算$B_{2x} = \dfrac{1.0}{1 - \dfrac{\Sigma P_u}{\Sigma P_{e2x}}} \geq 1.0$或$B_{2x} = \dfrac{1.0}{1 - \dfrac{(\Sigma P_u)\Delta_{oh}}{(\Sigma H)L}} \geq 1.0$

$$及B_{2y}=\frac{1.0}{1-\dfrac{\Sigma P_u}{\Sigma P_{e2y}}}\geq 1.0或B_{2y}=\frac{1.0}{1-\dfrac{(\Sigma P_u)\Delta_{oh}}{(\Sigma H)L}}\geq 1.0$$

3. 計算放大彎矩 M_u：

　(1) 承受軸壓及彎矩作用

　　　A. 構架無橫向位移：$M_u = B_1 M_{nt}$

　　　B. 構架有橫向位移：$M_u = B_1 M_{nt} + B_2 M_{lt}$

　(2) 承受軸拉及彎矩作用，不必以 B_1 及 B_2 放大彎矩值。

步驟五、檢核梁柱構件之強度

1. 梁柱構件承受軸「壓」力及雙向彎矩：

　(1) 較大軸力作用：$\dfrac{P_u}{\phi_c P_n}\geq 0.2$

　　　$\dfrac{P_u}{\phi_c P_n}+\dfrac{8}{9}\left(\dfrac{M_{ux}}{\phi_b M_{nx}}+\dfrac{M_{uy}}{\phi_b M_{ny}}\right)\leq 1.0$

　(2) 較小軸力作用：$\dfrac{P_u}{\phi_c P_n}<0.2$

　　　$\dfrac{P_u}{2\phi_c P_n}+\dfrac{M_{ux}}{\phi_b M_{nx}}+\dfrac{M_{uy}}{\phi_b M_{ny}}\leq 1.0$

2. 梁柱構件承受軸「拉」力及雙向彎矩：

　(1) 較大軸力作用：$\dfrac{P_u}{\phi_t P_n}\geq 0.2$

　　　$\dfrac{P_u}{\phi_t P_n}+\dfrac{8}{9}\left(\dfrac{M_{ux}}{\phi_b M_{nx}}+\dfrac{M_{uy}}{\phi_b M_{ny}}\right)\leq 1.0$

　(2) 較小軸力作用：$\dfrac{P_u}{\phi_t P_n}<0.2$

　　　$\dfrac{P_u}{2\phi_t P_n}+\dfrac{M_{ux}}{\phi_b M_{nx}}+\dfrac{M_{uy}}{\phi_b M_{ny}}\leq 1.0$

【例題 6-3】有一型鋼梁柱構件長 4.5m，用於無斜撐之「對稱」構架作為柱使用。構架承受的載重分爲二種（如圖 6-6 所示）：(1) 軸向壓力及單向強軸彎矩的靜載重及活載重，不會產生橫向位移，$k_x = k_y = 1.0$，(2) 橫向作用之風力載重，對強軸彎矩作用會產生橫向位移，$k_x = 1.2$，$k_y = 1.0$；若 LRFD 的載重組合爲 $1.2D + 0.5L \pm 1.6W$，試檢算該梁柱構件是否滿足規範要求？

W12×65 熱軋型鋼斷面性質（已知爲結實斷面）：

$A = 123.2cm^2$，$d = 30.8cm$，$b_f = 30.5cm$，$t_w = 0.99cm$，$t_f = 1.54cm$，$t_T = 8.33cm$，$I_x = 22183cm^4$，$S_x = 1440cm^3$，$r_x = 13.41cm$，$Z_x = 1586cm^3$，$I_y = 7242cm^4$，$S_y = 477cm^3$，$r_y = 7.67cm$，$Z_y = 723cm^3$，$J = 90.74cm^4$，$C_w = 1552137cm^6$，$E = 2040tf/cm^2$，$G = 810tf/cm^2$，$F_y = 2.5tf/cm^2$，$F_u = 4.1tf/cm^2$，$F_r = 0.7tf/cm^2$

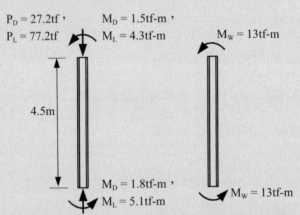

a. 無橫向位移靜、活載重　　b. 有橫向位移風載重

圖 6-6　梁柱構件承受軸壓力與彎矩作用示意圖

解：

一、依載重組合規定計算梁柱構材之係數化軸力及彎矩值

$P_u = 1.2P_D + 0.5P_L = 1.2 \times 27.2 + 0.5 \times 77.2 = 71.24\text{tf}$

$(M_{ntx})_1 = 1.2M_{Dx1} + 0.5M_{Lx1} = 1.2 \times 1.5 + 0.5 \times 4.3 = 3.95\text{tf} - \text{m} = 395\text{tf} - \text{cm}$

$(M_{ltx})_1 = 1.6M_{Wx1} = 1.6 \times 13 = 20.8\text{tf} - \text{m} = 2080\text{tf} - \text{cm}$

$(M_{ntx})_2 = 1.2M_{Dx2} + 0.5M_{Lx2} = 1.2 \times 1.8 + 0.5 \times 5.1 = 4.71\text{tf} - \text{m} = 471\text{tf} - \text{cm}$

$(M_{ltx})_2 = 1.6M_{Wx2} = 1.6 \times 13 = 20.8\text{tf} - \text{m} = 2080\text{tf} - \text{cm}$

二、計算柱構件的影響

1.梁柱承受軸「壓」力及彎矩作用

(1)求係數化軸壓力 $P_u = 71.24\text{tf}$

(2)計算最大細長比，判斷彈性挫屈（$\lambda_c > 1.5$）或非彈性挫屈（$\lambda_c \leq 1.5$）

$$\left(\frac{kl}{r}\right)_x = \frac{1.2 \times 450}{13.41} = 40.27 , \left(\frac{kl}{r}\right)_y = \frac{1.0 \times 450}{7.67} = 58.67 （控制）$$

$$(\lambda_c)_{max} = \left(\frac{kl}{r}\right)_{max} \sqrt{\frac{F_y}{\pi^2 E}} = \frac{58.67}{\pi} \sqrt{\frac{2.5}{2040}} = 0.654 < 1.5 ，屬於非彈$$

性挫屈

(3)計算斷面軸壓強度

$$\phi_c P_n = 0.85 \times (0.658^{\lambda_c^2}) A_g F_y = 0.85(0.658^{0.654^2}) \times 123.2 \times 2.5$$
$$= 218.89\text{tf}$$

(4)判斷大小軸力作用

$$\frac{P_u}{\phi_c P_n} = \frac{71.24}{218.89} = 0.325 > 0.2 ，屬於較大軸力情形$$

三、計算梁構件的影響

1.計算 M_{nt} 及 M_{lt}：

(1)$M_{nt} = (M_{ntx})_2 = 471\text{tf} - \text{cm}$

(2)$M_{lt} = (M_{ltx})_2 = 2080\text{tf} - \text{cm}$

(3) $M_1 = 395 + 2080 = 2475$，$M_2 = 471 + 2080 = 2551$，$\dfrac{M_1}{M_2} = 0.970$

2. 計算 $C_b = 1.75 + 1.05\left(\dfrac{M_1}{M_2}\right) + 0.3\left(\dfrac{M_1}{M_2}\right)^2 = 1.75 + 1.05(0.97) + 0.3(0.97)^2$

$\qquad = 3.05 > 2.3$，取 $C_b = 2.3$

3. 計算斷面彎矩強度 $\phi_b M_{nx}$：

(1) 計算側撐長度 $L_p = \dfrac{80 r_y}{\sqrt{F_{yf}}} = \dfrac{80 \times 7.67}{\sqrt{2.5}} = 388\text{cm}$

(2) 計算彈性 L.T.B. 之臨界長度 L_r

$$X_1 = \frac{\pi}{S_x}\sqrt{\frac{EAGJ}{2}} = \frac{\pi}{1440}\sqrt{\frac{2040 \times 123.2 \times 90.74 \times 810}{2}} = 209.56\text{tf/cm}^2$$

$$X_2 = 4\frac{c_w}{I_y}\left(\frac{S_x}{GJ}\right)^2 = 4\frac{1552137}{7242}\left(\frac{1440}{810 \times 90.74}\right)^2 = 0.33\text{cm}^4/\text{tf}^2$$

$$L_r = \frac{r_y X_1}{(F_{yw} - F_r)}\sqrt{1 + \sqrt{1 + X_2(F_{yw} - F_r)^2}}$$

$$= \frac{7.67 \times 209.56}{2.5 - 0.7}\sqrt{1 + \sqrt{1 + 0.33(2.5 - 0.7)^2}} = 1394.4\text{cm}$$

$L_p < L_b = 450\text{cm} \le L_r$，屬於非彈性 L.T.B. 情形

(3) 強軸：結實斷面

$\qquad M_p = F_y Z_x = 2.5 \times 1586 = 3965\text{tf} - \text{cm}$

$\qquad M_r = (F_{yw} - F_r)S_x = (2.5 - 0.7)1440 = 2592\text{tf} - \text{cm}$

$$\phi_b M_{nx} = 0.9 C_b\left[M_p - (M_p - M_r)\left(\frac{L_b - L_p}{L_r - L_p}\right)\right]$$

$$= 0.9 \times 2.3\left[3965 - (3965 - 2592)\left(\frac{450 - 388}{1394.4 - 388}\right)\right]$$

$$= 8122.97\text{tf} - \text{cm} > 0.9 M_p = 0.9 \times 3965 = 3568.5\text{tf} - \text{cm}$$

取 $\phi_b M_{nx} = 0.9 M_p = 3568.5\text{tf} - \text{cm}$

四、計算梁柱構件的影響

1.計算構架「無」橫向位移之 B_{1x}

(1)計算 P_{e1x}：

$$無橫向位移之\left(\frac{kl}{r}\right)_x = \frac{1.0 \times 450}{13.41} = 33.56$$

$$\lambda_{cx} = \left(\frac{kl}{r}\right)_x \sqrt{\frac{F_y}{\pi^2 E}} = \frac{33.56}{\pi} \sqrt{\frac{2.5}{2040}} = 0.374$$

$$P_{e1x} = \frac{A_g F_y}{\lambda_{cx}^2} = \frac{123.2 \times 2.5}{0.374^2} = 2201.95tf$$

(2)計算 C_{mx}

$$C_{mx} = 0.64\left(1 - \frac{M_1}{M_2}\right) + 0.32\frac{M_1}{M_2}\left(1 - \frac{P_u}{P_{e1x}}\right)$$

$$= 0.64(1 - 0.970) + 0.32 \times 0.970\left(1 - \frac{71.24}{2201.95}\right) = 0.319$$

(3)計算 B_{1x}

$$B_{1x} = \frac{C_{mx}}{1 - \dfrac{P_u}{P_{e1x}}} = \frac{0.319}{1 - \dfrac{71.24}{2201.95}} = 0.33 < 1.0，取 B_{1x} = 1.0$$

2.計算構架「有」橫向位移之 B_{2x}

(1)有橫向位移之 $\left(\dfrac{kl}{r}\right)_x = \dfrac{1.2 \times 450}{13.41} = 40.27$

$$\lambda_{cx} = \left(\frac{kl}{r}\right)_x \sqrt{\frac{F_y}{\pi^2 E}} = \frac{40.27}{\pi} \sqrt{\frac{2.5}{2040}} = 0.450$$

(2)計算 P_{e2x}

$$P_{e2x} = \frac{A_g F_y}{\lambda_{cx}^2} = \frac{123.2 \times 2.5}{0.450^2} = 1520.99tf$$

(3)計算 B_{2x}

$$B_{2x} = \frac{1.0}{1 - \dfrac{71.24}{1520.99}} = 1.05 \geq 1.0 \quad OK$$

3.計算放大彎矩 M_u：

$$M_{ux} = B_{1x}M_{ntx} + B_{2x}M_{ltx} = 1.0 \times 471 + 1.05 \times 2080 = 2655 \text{tf} - \text{cm}$$

五、檢核梁柱構件之強度

由於 $\dfrac{P_u}{\phi_c P_n} = \dfrac{71.24}{218.89} = 0.325 > 0.2$，屬於較大軸力情形

$$\frac{P_u}{\phi_c P_n} + \frac{8}{9}\left(\frac{M_{ux}}{\phi_b M_{nx}}\right) = 0.325 + \frac{8}{9}\left(\frac{2655}{3568.5}\right) = 0.986 \leq 1.0 \quad \text{OK}$$

本梁柱構件滿足規範要求，構架強度無虞。

6.6 LRFD 梁柱構件之設計

　　如同本章第 6.4 節之說明，由於梁柱構件是各種鋼結構中最常出現的構件種類，加上跨度數、樓層數、邊界束制條件、載重作用力組合方式之不同，所產出可能的梁柱構件型式就多到無法一一列舉，也很難找出一體適用的設計作業步驟，一般教科書對「梁柱構件的設計」也都予以略過。本書也只能嚐試著整理出一種概括式的 LRFD 設計步驟，供讀者參閱，茲說明如下。

　　步驟一、相關參數的選用：根據結構物所在位置、使用需求及經驗案例，選用初步的結構物型式、構件尺寸（跨度、高度、斷面大小、鋼材規格及性質）及邊界束制條件、靜載重、活載重、節點接合方式（焊接或栓接）等。

　　步驟二、整體結構分析：無論是手算或套裝軟體的協助運算，得到梁柱構件係數化的軸力及雙向彎矩作用力。

　　步驟三～步驟七，同第 6.5 節二、LRFD 梁柱構件分析步驟中之步驟二～步驟五，如果規範條件不能符合，則需重新選用其他型鋼尺寸，回到

步驟二、三、四、五、六及七，重複這些步驟直到檢算公式完全符合爲止。如果梁柱構件只承受軸力及單向彎矩作用，則步驟四、五、六及七的檢算公式只需留下軸力及該單向彎矩作用軸的算式即可。

第七章　鋼構件接合方式

　　一般鋼結構所使用的構件（熱軋型鋼或板件組合鋼）都由鋼鐵工廠製造，以大型運輸車輛運至工地後，再以吊車分送至不同樓層及位置進行組裝。構件間的接合方式包括：焊接（welding）、螺栓接合（bolt）、鉚釘接合（rivet）及插梢接合（pins），而桁架式結構構件亦可以球節（如圖7-1a 及 b）方式接合。早期鋼結構的接合使用鉚釘非常普遍（如圖 7-1c 及d），然而隨著高強度螺栓的快速發展及焊接技術的進步，目前僅少數特殊情形才會使用鉚釘來接合（如飛機蒙皮的接合及為了景觀上的需求），而國內建築鋼結構設計規範亦禁止使用鉚釘作為接合材料。

　　本書中所提到的釘栓接合若未特別說明，即是指高強度螺栓的接合。現今臺灣常用的高強度螺栓主要是美國產品系列的 ASTM-A325、ASTM-A490 及日本系列的 JIS-F10T，少部分強度太高的螺栓（如 JIS-F11T）偶有延遲斷裂（delayed facture）的現象，亦即高強度鋼料在長時間荷載情況下，使用中突然斷裂破壞，屬於應力腐蝕裂縫破壞（stress corrosion crack-SCC）的一種，特別容易發生在鋼結構接合用的高強度螺栓。這種破壞是從螺牙、損傷及腐蝕等應力集中位置開始產生微小裂縫，慢慢延伸擴展後突然斷裂。

　　事實上鋼結構的破壞除了鋼構件的挫屈及局部破壞外，大多是出現在不良的接合狀況（包括設計及施工），因為接合方式可隨工程需要而改變，而且現場施工的環境及品質的控制通常不如工廠內部作業來得嚴謹。因此，構件接合的設計及施工常是鋼結構工程的重點項目之一，接合方式的品質不但影響結構安全，也會影響工程造價。本章僅介紹 ASD 之案例分析，至於 LRFD 之應用請讀者參閱其他書籍。

圖 7-1a 直立式構架球節接合照片

圖 7-1b 水平式構架球節接合照片

圖 7-1c 屋頂式桁架鉚釘接合照片

圖 7-1d 橋樑式桁架鉚釘接合照片

7.1 高強度螺栓接合

一、高強度螺栓之優點及力學性質

相較於焊接、鉚釘及普通螺栓接合,高強度螺栓接合方式(如圖 7-2a 及 b)具有下列優點:

1. 相對於焊接接合,高強度螺栓接合需要的技術及訓練層級不高,需要的技術工人數較少。

2. 焊接接合的鋼構件無法拆卸重新組裝,高強度螺栓接合的鋼構件則可。

3. 在相同的載重下，具有比焊接及鉚釘接合高的疲勞強度。

4. 相較於鉚釘接合，高強度螺栓的用量較少，施工中噪音較少，且無
失火之危險。

5. 相較於鉚釘及普通螺栓，高強度螺栓有較高之夾緊力，避免構件間
的滑動，接頭處之剛性較佳。

6. 高強度螺栓接合能承受較大的動載重，較不易發生疲勞破壞情形。

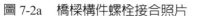

圖 7-2a　橋樑構件螺栓接合照片　　圖 7-2b　鋼骨大樓構件螺栓接合照片

　　高強度螺栓所使用的材料通常是高強度鋼，A325 是經過淬火及回火
處理過的中碳鋼製成，而 A490 則是經過淬火及回火處理過的合金鋼所製
成，其強度均遠大於一般結構用鋼。A490 及 F10T 的降伏應力約爲 A36
及 SM400 的 3.5 倍之多，而極限應力約爲 2.5～3 倍。表 7-1 爲臺灣常用
高強度螺栓之力學性質。

　　高強度螺栓在承受拉力作用時，需考慮螺牙位置應力集中現象所產生
的影響，通常因強度極高，拉力試片無法測出明顯的應力，故其降伏應力
常用 0.2% 之偏距法求得。吾人定義：基準作用力（proof load）= 降伏應
力 × 有效拉力面積

　　其中有效拉力面積 $(A_b)_{eff}$ 需考慮螺紋所造成的面積減少，並以下式計

算之：

$$(A_b)_{eff} = 0.785 \left[d_b - \left(\frac{0.9743}{n} \right) \right]^2 \qquad (7\text{-}1)$$

d_b 為螺栓之標稱直徑，n 為每公分之螺紋數。對於 A325 型高強度螺栓，其基準作用力為極限強度的 70%，而 A490 型高強度螺栓之基準作用力為極限強度之 80%，高強度螺栓之基準作用力就是最小預拉力的基準值。

表 7-1　臺灣常用高強度螺栓之力學性質一覽表

規格	直徑 mm	降伏應力 tf/cm^2	極限應力 tf/cm^2		伸長率 5cm	面積減少率 %	洛氏硬度	
			min	max			min	max
A325	13～25	6.44	8.4	-	-	-	24	35
	28～38	5.67	7.35	-	14	35	19	31
A490	13～38	9.1	10.5	11.9	14	40	33	38
F10T	-	9.0	10	12	14	40	27	38

二、高強度螺栓之接合型式

鋼構件在接合處是靠螺栓將載重由一構件傳至另一構件，工程上常見的螺栓接合方式分為：

1. 搭接：這是最簡單的接合方式（如圖 7-3a 所示），螺栓主要承受剪力作用，屬於單剪行為，但也容易產生彎曲破壞，僅用於次要接頭或拉力構件的簡易接合。

2. 對接：係指主要的受力鋼板，配搭上下各一塊連接板以螺栓予以鎖固的接合方式（如圖 7-3b 所示），螺栓主要承受剪力作用，屬於雙剪行為，作用剪力減半，也較不易產生彎曲破壞。

3. 多重剪力接合：係指二塊以上的主要受力鋼板各自配搭上下各一塊

連接板以螺栓予以鎖固的接合方式（如圖 7-3c 所示），螺栓主要承受剪力作用，視爲雙剪行爲。

4. 懸吊拉力接合：常見於吊桿之接合（如圖 7-3d 所示），螺栓主要是承受拉力作用。

5. 拉剪接合：常見於鎖固在鋼柱上的斜撐構件（如圖 7-3e 所示），螺栓主要承受拉力及剪力作用。

6. 偏心扭剪接合：常見於廠房內的托架（俗稱牛腿），如天車軌道下方之支承（如 7-3f 所示），螺栓主要承受扭力及剪力作用。

7. 偏心彎剪接合：常見於鎖固在鋼柱上的偏心托架（如圖 7-3g 及 7-3h 所示），螺栓主要承受剪力及彎矩作用。

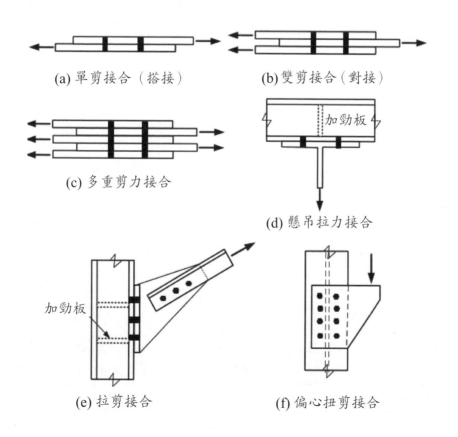

(a) 單剪接合（搭接）　　　　(b) 雙剪接合（對接）

(c) 多重剪力接合

(d) 懸吊拉力接合

(e) 拉剪接合　　　　　　(f) 偏心扭剪接合

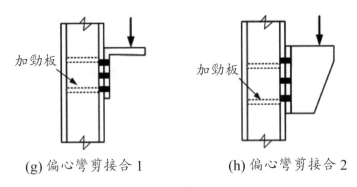

(g) 偏心彎剪接合 1　　　　　(h) 偏心彎剪接合 2

圖 7-3　各種螺栓接合方式示意圖

若以接合方式是否容許滑動來區分，螺栓接合又可分為：

1. 承壓型接合：容許接合處滑動，是靠鋼板及螺桿接觸之支承強度來傳遞接合處之作用力，鋼板及螺栓都是承受支承壓力，而螺桿另外還承受剪斷力。

2. 摩阻型接合：這是在高強度螺栓出現以後才有的接合工法，主要是利用螺栓鎖緊時對螺桿所施加的預拉力，亦即對接合鋼板產生垂直於鋼板面的正向壓力，進而使接合鋼板間產生摩擦力，藉以傳遞在鋼板上的作用力。這種接合方式不容許接合處發生滑動，螺栓與鋼板間也不會有承壓接觸應力。

ASD 規範規定螺栓接合的容許拉應力、容許剪應力如表 7-2 所示。

表 7-2　ASD 高強度螺栓之容許應力（tf/cm^2）一覽表

規格	容許拉應力（F_t）	容許剪應力（F_v）				
		摩阻型接合				承壓型接合
		標準孔	加大孔及短槽孔	長槽孔		
				載重垂直	載重平行	
A325N	3.05	1.19	1.05	0.84	0.70	1.45
A325X	3.05	1.19	1.05	0.84	0.70	2.10

規格	容許拉應力（F_t）	容許剪應力（F_v）					承壓型接合
		摩阻型接合					
		標準孔	加大孔及短槽孔	長槽孔			
				載重垂直	載重平行		
A490N	3.75	1.47	1.26	1.05	0.91	1.95
A490X	3.75	1.47	1.26	1.05	0.91	2.80
F10TN	3.62	1.41	1.20	1.00	0.87	1.87
F10TX	3.62	1.41	1.20	1.00	0.87	2.68
註：A325N 表示 A325 螺栓其剪力面含螺紋，A325X 表示 A325 螺栓其剪力面不含螺紋。							

承壓型接合情形下，在剪力與拉力同時作用下，容許剪力強度 F_v 和容許拉力強度 F_t 間會有互制效應，ASD 規範採用修正之容許拉應力 F_t' 作為檢核之標準，F_t' 會隨剪斷應力 f_v 而增減，而工作拉應力 f_t 只要 ≤ 修正之容許拉應力 $F_t' = \sqrt{A^2 - Bf_v^2}$ 即可，其中 A 及 B 均為常數（如表 7-3 所示）。

表 7-3　ASD 承壓型接合拉剪作用螺栓之修正容許拉應力 F_t'（tf/cm^2）一覽表

規格	剪力面含螺紋（N）	剪力面不含螺紋（X）
A325	$F_t' = \sqrt{3.05^2 - 4.39f_v^2}$	$F_t' = \sqrt{3.05^2 - 2.15f_v^2}$
A490	$F_t' = \sqrt{3.75^2 - 3.75f_v^2}$	$F_t' = \sqrt{3.75^2 - 1.82f_v^2}$
F10T	$F_t' = \sqrt{3.62^2 - 3.75f_v^2}$	$F_t' = \sqrt{3.62^2 - 1.82f_v^2}$

然而，摩阻型接合主要靠螺栓預拉力產生鋼板間的壓力，所造成的摩擦力來抵抗外作用力，如果螺栓同時也承受拉力，則會降低抵抗的摩擦力，甚至造成鋼板間分離現象。因此，ASD 規範規定其強度互制關係如

下：

$$F_v' = F_v\left(1 - \frac{T}{T_b}\right) \tag{7-2}$$

其中 F_v 為表 7-2 內摩阻型接合，在無拉力作用下的容許剪應力，F_v' 為有拉力作用下的容許剪應力，T_b 為螺栓之預拉力，$T = f_t A_b =$ 工作壓力。

三、高強度螺栓之應力分析

（一）螺栓之直接剪力作用

就是假設每一顆螺栓承受同樣的剪斷作用力 V_m

$$V_m = \frac{P}{N_b \times N_s} \tag{7-3}$$

作用在每一顆螺栓的剪斷應力 f_v

$$f_v = \frac{P}{A_b \times N_b \times N_s} \tag{7-4}$$

其中 P 為鋼板上的拉力，A_b 為單一螺栓的斷面積，N_b 為鋼板上的螺栓數目，N_s 為鋼板上的受剪面數目，單剪 $N_s = 1$，雙剪 $N_s = 2$。

（二）螺栓之軸向拉力作用

如同直接剪力作用一般，吾人亦假設每一顆螺栓承受同樣的拉力 T_m

$$T_m = \frac{P}{N_b} \tag{7-5}$$

作用在每一顆螺栓的拉斷應力 f_N

$$f_N = \frac{P}{A_b \times N_b} \tag{7-6}$$

其中 P 為鋼板上的軸向拉力，A_b 為單一螺栓的斷面積，N_b 為鋼板上的螺栓數目。

（三）螺栓之扭轉剪力作用

在扭剪接合的情形，吾人可用下式來計算扭剪應力 f_T

$$f_T = \frac{T \cdot r}{J} \qquad (7\text{-}7)$$

其中 T 為斷面扭轉作用力，r 為轉距長度（欲求之作用點至旋轉中心的距離），J 為斷面的極慣性矩 $= \dfrac{\pi d_b^4}{32}$，d_b 為螺栓之直徑。

依照彈性向量法的概念，首先要把螺栓群的形心位置找出來，這個形心也是螺栓群的旋轉中心（如圖 7-4 所示），另外忽略每一顆螺栓本身形心軸的極慣性矩，而各顆螺栓（通常 A_b 均相同）對螺栓群形心的極慣性矩為 $A_b r^2$。因此，整個螺栓群對形心的極慣性矩為

$$J = A_b \Sigma r^2 = \Sigma A_b (x^2 + y^2) = A_b (\Sigma x^2 + \Sigma y^2)$$

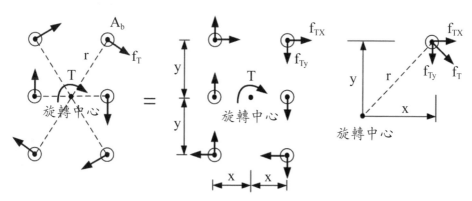

圖 7-4　螺栓之扭剪作用力分解示意圖

螺栓的扭轉剪應力 f_T 為

$$f_T = \frac{T \cdot r}{J} = \frac{T \cdot r}{A_b (\Sigma x^2 + \Sigma y^2)} = \frac{T \cdot r}{A_b (\Sigma r^2)} \qquad (7\text{-}8)$$

水平（x）方向的扭轉剪應力 f_{Tx}

$$f_{Tx} = \frac{T \cdot y}{J} = \frac{T \cdot y}{A_b (\Sigma x^2 + \Sigma y^2)} = \frac{T \cdot y}{A_b (\Sigma r^2)} \qquad (7\text{-}9)$$

垂直（y）方向的扭轉剪應力 f_{Ty}

$$f_{Ty} = \frac{T \cdot x}{J} = \frac{T \cdot x}{A_b(\Sigma x^2 + \Sigma y^2)} = \frac{T \cdot x}{A_b(\Sigma r^2)} \qquad (7\text{-}10)$$

若以作用力（＝應力 × 面積）的形式表示，單一螺栓水平（x）方向的扭轉剪力 V_{Txm}

$$V_{Txm} = \frac{T \cdot y}{(\Sigma x^2 + \Sigma y^2)} = \frac{T \cdot y}{\Sigma r^2} \qquad (7\text{-}11)$$

垂直（y）方向的扭轉剪力 V_{Tym}

$$V_{Tym} = \frac{T \cdot x}{(\Sigma x^2 + \Sigma y^2)} = \frac{T \cdot x}{\Sigma r^2} \qquad (7\text{-}12)$$

如圖 7-5 所示，若是扭矩 T 是由偏心作用力 P 所造成（$T = \pm P_x e_y \pm P_y e_x$），計算時除了扭矩所產生的扭剪應力外，別忘了還有直接剪斷應力的影響。

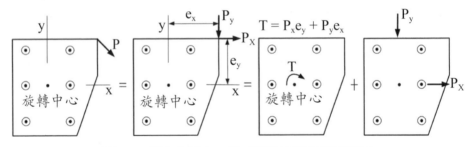

圖 7-5　偏心作用力 P 造成扭剪作用分解示意圖

水平直接剪力 V_{xm}

$$V_{xm} = \frac{V_x}{N_b} = \frac{P_x}{N_b} \qquad (7\text{-}13)$$

水平直接剪斷應力 f_{vx}

$$f_{vx} = \frac{V_{xm}}{A_b} = \frac{P_x}{A_b \times N_b} \qquad (7\text{-}14)$$

垂直直接剪力 V_{ym}

$$V_{ym} = \frac{V_y}{N_b} = \frac{P_y}{N_b} \tag{7-15}$$

水平直接剪斷應力 f_{vy}

$$f_{vy} = \frac{V_{ym}}{A_b} = \frac{P_y}{A_b \times N_b} \tag{7-16}$$

依「同向相加、反向相減」之原則，吾人可知最大的合成應力將出現在最外緣的螺栓處。其最大的合成剪力及剪應力值分別為：

$$R_{m,max} = \sqrt{[(V_{xm}+V_{Txm})^2 + (V_{ym}+V_{Tym})^2]} \tag{7-17}$$

$$f_R = \sqrt{[(f_{vx}+f_{Tx})^2 + (f_{vy}+f_{Ty})^2]} \tag{7-18}$$

【例題 7-1】如下圖，有一托架（bracket）構件承受一偏心工作靜載重 $P_D = 10$tf，偏心工作活載重 $P_L = 10$tf。柱子為 W 型鋼，鋼柱、托架均用 A36 鋼材，假設採用 8 根標稱直徑 22mm 的 A325X 型螺栓，螺紋不在剪力面上，螺孔為標準孔，承壓型單剪接合，鋼柱及托架的承壓強度均需檢核，試依 ASD 規範檢核此接合強度是否足夠？

依 ASD 規定，如果螺孔邊距 $L_e \geq 1.5d_b$（d_b 為螺栓直徑），螺栓間距 $S \geq 3d_b$，作用力方向有二排以上螺栓，且螺栓孔附近之變形非為設計之考慮因素時，$F_p = 1.5F_u$。

W6×25 型鋼斷面及材料性質：$F_y = 2.52$tf/cm^2，$F_u = 4.1$tf/cm^2，$d = 16.21$cm，$b_f = 51.44$cm，$t_f = 1.156$cm，$t_w = 0.813$cm，托架鋼板厚度 1.5cm。

解：

　　因托架鋼板厚度 1.5cm 大於鋼柱翼板的厚度 1.156cm，所以只要檢核鋼柱即可。

　　1.計算單一螺栓之工作載重：

　　　⑴計算螺栓群斷面性質：8 顆螺栓上下左右對稱排列，故形心

位於正中央。

(2) 計算螺栓斷面積：

$$A_b = \frac{\pi}{4} \times 2.2^2 = 3.8 \text{cm}^2$$

$$\Sigma r^2 = 8 \times 3.5^2 + 4 \times 3.5^2 + 4 \times 10.5^2 = 588 \text{cm}^2$$

(3) 計算工作載重組合：

$$P = P_D + P_L = 10 + 10 = 20 \text{tf}$$

(4) 計算受力最大螺栓的工作剪力

$$V_x = P_x = \frac{3}{5} \times 20 = 12 \text{tf}$$

$(\leftarrow)$

$$V_y = P_y = \frac{4}{5} \times 20 = 16 \text{tf}$$

$(\downarrow)$

(5) 計算最大的工作扭力

$$T = 16 \times (25 + 3.5) - 12 \times (10.5 + 5)$$

$$= 270 \text{tf} - \text{cm} \,(順時針)$$

(6) 計算螺栓的最大工作作用力

水平工作直接剪力 $V_{xm} = \dfrac{12}{8} = 1.5 \text{tf} \,(\leftarrow)$

垂直工作直接剪力 $V_{ym} = \dfrac{16}{8} = 2.0 \text{tf} \,(\downarrow)$

水平工作扭剪力 $V_{Txm} = \dfrac{T \cdot y}{\Sigma r^2} = \dfrac{270 \times 10.5}{588} = 4.82 \text{tf} \,(\leftarrow)$

垂直工作扭剪力 $V_{Tym} = \dfrac{T \cdot x}{\Sigma r^2} = \dfrac{270 \times 3.5}{588} = 1.61 \text{tf} \,(\downarrow)$

最大合成剪力值 $R_{m,\max} = \sqrt{[(1.5 + 4.82)^2 + (2 + 1.61)^2]} = 7.28 \text{tf}$

2. 計算螺栓容許剪力強度：如表 7-2，A325X 承壓型螺栓之容許剪力強度 $F_v = 2.10 \text{tf/cm}^2$，單一螺栓之容許剪力強度 $V_{am} = F_v \times A_b =$

$2.1 \times 3.8 = 7.98tf$

3.計算鋼柱翼板之承壓強度：

依題示，螺孔邊距 $Le = 5 \geq 1.5 \times 2.2 = 3.3$，螺栓間距 $S = 7 \geq 3 \times 2.2 = 6.6$，且有二排螺栓，$F_p = 1.5F_u = 1.5 \times 4.1 = 6.15tf/cm^2$，鋼柱翼板總承壓強度 $R_a = 6.15 \times 1.156 \times 2.2 \times 8 = 125.13tf$

4.檢核接合強度：

(1)接合容許剪力強度 $V_{am} = 7.98tf \geq R_{m,max} = 7.28tf$　OK

(2)鋼柱翼板總承壓強度 $R_a = 125.13tf \geq$ 工作載重 $P = 20tf$　OK

本承壓型接合強度符合規範要求，安全無虞。

（四）螺栓之彎曲剪力作用

除了每一顆螺栓都會承受平均的剪力作用，在彎曲拉力作用位置的螺栓還另外承受正向拉應力作用，在材料力學中常以表示彎曲正向應力：

$$\sigma = \frac{My}{I} \qquad (7\text{-}19)$$

其中 M 為斷面作用彎矩，y 為欲求之作用點至旋轉中心的距離，I 為斷面的慣性矩。吾人可忽略每一顆螺栓本身形心軸的慣性矩 $= \frac{\pi d_b^4}{64}$（d_b 為螺栓之直徑），而各顆螺栓（通常 A_b 均相同）對螺栓群形心的慣性矩 $A_b y^2$，y 為任一螺栓至螺栓群形心的垂直距離。因此，整個螺栓群對形心的慣性矩為

$$I = A_b \Sigma y^2 \qquad (7\text{-}20)$$

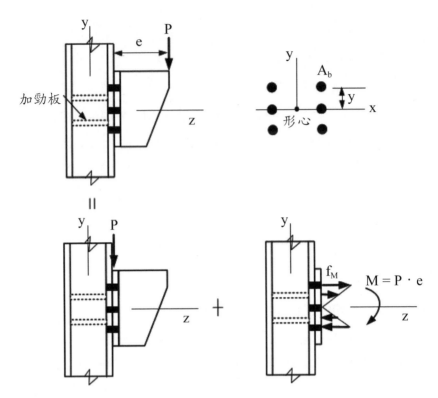

圖 7-6　偏心作用力 P 造成彎剪作用分解示意圖

在鋼結構的彎剪接合作用中，螺栓的彎曲正向應力可以下式表示：

$$\sigma = f_M = \frac{My}{A_b \Sigma y^2} = \frac{M}{A_b}\left(\frac{y}{\Sigma y^2}\right) \tag{7-21}$$

若以作用力（＝應力 × 面積）的形式表示，每一顆螺栓之彎曲拉力 T_{Mm}

$$T_{Mm} = \sigma \times A_b = M\left(\frac{y}{\Sigma y^2}\right) \tag{7-22}$$

【例題 7-2】如下圖，有一鋼柱使用 W 型鋼，設有一托架構件使用 WT 型鋼，承受一偏心垂直載重 P，已知工作靜載重 P_D 爲工作活載重 P_L

之 2 倍。鋼柱及接合板均用 A36 鋼材，假設採用二排垂直共 8 根標稱直徑 22mm 之 A490N 型螺栓，N 指螺紋在剪力面上，螺栓垂直間距為 7.5cm，屬單剪接合，且與螺栓接合的其他鋼板強度皆足夠，試依 ASD 規範回答下列問題：

一、若採用承壓型接合，試根據彈性分析法檢核螺栓接合在工作載重 P_D = 8tf、P_L = 4tf 作用下，接合強度是否滿足規範規定？

二、若採用承壓型接合，試根據 ASD 求該接合所能承受之最大偏心工作載重 P。

三、若採用摩阻型接合，試根據 ASD 求該接合所能承受之最大偏心工作載重。

已知 A490 M22 螺栓之最小預拉力 T_b = 22.2tf，接合面摩擦係數 μ = 0.33。

A36 鋼材：F_y = 2.5tf/cm^2，F_u = 4.1tf/cm^2，E = 2040tf/cm^2，G = 810tf/cm^2。

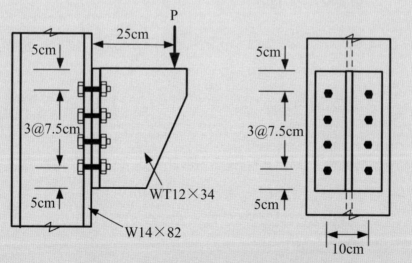

圖 7-7　偏心載重產生彎剪作用示意圖

解：

因題示與螺栓接合之其他鋼板強度皆足夠，所以只要檢核螺栓強度即可。

一、檢核在工作載重 $P_D = 8tf$、$P_L = 4tf$ 作用下，承壓型接合強度是否足夠。

1.計算單一螺栓之斷面性質及工作載重：

⑴計算螺栓群形心位置：8 顆螺栓上下左右對稱排列，故形心位於正中央。

⑵計算螺栓斷面積：$A_b = \dfrac{\pi}{4} \times 2.2^2 = 3.8cm^2$

⑶計算螺栓群慣性矩：$I = A_b \Sigma y^2 = 3.8(4 \times 3.75^2 + 4 \times 11.25^2) = 2137.5cm^4$

⑷計算工作載重：$P = P_D + P_L = 8 + 4 = 12tf$

⑸計算單一螺栓的工作拉力與剪力：

彎矩 $M = 12 \times 25 = 300tf - cm$

剪力 $V = P = 12tf$

最大工作彎曲拉力 $T_{Mm} = \sigma \times A_b = \left(\dfrac{My}{\Sigma A_b y^2}\right) \times A_b = \dfrac{300 \times 11.25}{2137.5} \times 3.8 = 6tf$

垂直工作直接剪力及剪應力 $V_m = \dfrac{12}{8} = 1.5tf$，$f_v = \dfrac{V_m}{A_b} = \dfrac{1.5}{3.8} = 0.40tf/cm^2$。

2.計算螺栓之修正容許拉應力：依表 7-3，A490N 型承壓螺栓

$F_t = \sqrt{3.75^2 - 3.75f_v^2} = \sqrt{3.75^2 - 3.75(0.40)^2} = 3.70tf/cm^2$

單一螺栓之容許拉力強度 $T_{am} = 3.70 \times 3.8 = 14.06tf$。

3.檢核接合強度：

單一螺栓之容許拉力強度 $T'_{am} = 14.06tf \geq$ 最大工作彎曲拉力 $T_{Mm} =$

6tf　OK

二、採用承壓型接合，求最大偏心垂直工作載重

1.計算單一螺栓之斷面性質及工作載重

(1)計算螺栓群形心位置：8 顆螺栓上下左右對稱排列，故形心位於正中央

$$\Sigma y^2 = 4 \times (3.75^2 + 11.25^2) = 562.5 cm^4$$

(2)計算螺栓斷面積：$A_b = \dfrac{\pi}{4} \times 2.2^2 = 3.8 cm^2$

(3)計算工作載重：$P = P_D + P_L = 2P_L + P_L = 3P_L$

(4)計算單一螺栓的工作彎曲拉力與剪力：

彎矩 $M = P \times 25 = 3P_L \times 25 = 75P_L\ tf - cm$

剪力 $V = 3P_L\ tf$

最大工作彎曲拉力$T_{Mm} = \dfrac{My}{\Sigma y^2} = \dfrac{75P_L \times 11.25}{562.5} = 1.5P_L tf$

垂直工作直接剪力$V_m = \dfrac{3P_L}{8} = 0.38P_L tf$，

及剪應力$f_v = \dfrac{V_m}{A_b} = \dfrac{0.38P_L}{3.8} = 0.1P_L tf/cm^2$。

2.計算螺栓之修正容許拉應力：依表 7-3，A490N 承壓型螺栓

$F_t' = \sqrt{3.75^2 - 3.75f_v^2} = \sqrt{3.75^2 - 3.75(0.1P_L)^2} tf/cm^2$

單一螺栓之容許拉力強度$T_{am} = 3.8\sqrt{3.75^2 - 3.75(0.1P_L)^2} tf$。

3.檢核接合強度反求最大容許載重：

$T_{am} = 3.8\sqrt{3.75^2 - 3.75(0.1P_L)^2} tf \geq T_{Mm} = 1.5P_L tf$

得到 $P_L \leq 8.53tf$，$P_D \leq 2 \times 8.53 = 17.06tf$，$P_{max} = 3P_L = 25.59tf$

三、採用摩阻型接合，求最大偏心垂直工作載重 P

1.計算單一螺栓之斷面性質及工作載重：

(1)計算工作載重：$P = P_D + P_L = 2P_L + P_L = 3P_L$

(2)計算單一螺栓的工作彎曲拉力與剪力：

彎矩 $M = P \times 25 = 3P_L \times 25 = 75P_L tf - cm$

剪力 $V = 3P_L tf$

最大工作彎曲拉力$T_{Mm} = \dfrac{My}{\Sigma y^2} = \dfrac{75P_L \times 11.25}{562.5} = 1.5P_L tf$

垂直工作直接剪力及剪應力$V_m = \dfrac{3P_L}{8} = 0.38P_L tf$，

$f_v = \dfrac{V_m}{A_b} = \dfrac{0.38P_L}{3.8} = 0.1P_L tf/cm^2$。

2.計算螺栓之修正容許拉應力：依表 7-3，A490N 摩阻型螺栓 $F_v = 1.47tf/cm^2$，依題意 $T_b = 22.2tf$，單一螺栓之修正容許剪力強度 R'_{am}

$R'_{am} = A_b F'_v = A_b F_v \left(1 - \dfrac{T}{T_b}\right) = 3.8 \times 1.47 \left(1 - \dfrac{1.5P_L}{22.2}\right) tf$。

3.檢核接合強度反求最大容許載重：

$R'_{am} = 3.8 \times 1.47 \left(1 - \dfrac{1.5P_L}{22.2}\right) \geq V_m = 0.38P_L tf$

得到 $P_L \leq 7.38tf$，$P_D \leq 2 \times 7.38 = 14.76tf$，$P_{max} = 3P_L = 22.14tf$。

四、標準螺栓孔之邊距及間距

（一）標準螺栓孔之邊距

1. ASD 最小邊距 $(L_e)_{min}$

(1) 任何方向上之一般規定：S ≥ 表 7-4 規定值，ASD 以 $1.5d_b$ 為規範之下限值，實務上設計時取 $1.5 \sim 2d_b$。

(2) 沿作用力方向上之特別規定

如果 $F_p = 1.2F_u$，$L_e \geq \begin{cases} 1.5d_b \\ \dfrac{2P}{F_u t} \end{cases}$ （7-23）

其中 P 為接合處臨界部位（含連接板及構件本身）─支螺栓傳遞之力量（tf），F_u 為標稱極限抗拉應力（tf/cm²），t 為接合處臨界部位較薄鋼板厚度（cm）。

2. ASD 最大邊距 $(L_e)_{max}$

⑴ 未暴露於腐蝕環境之油漆或未油漆構件，在任何方向上最大邊距不得大於 12 倍較薄鋼板厚度或 15cm。

⑵ 未經油漆處理而暴露於空氣中之螺栓接頭，在任何方向上最大邊距不得大於 8 倍較薄鋼板厚度或 12cm。

表 7-4　ASD 及 LRFD 最小邊距值（mm）一覽表

螺栓標稱直徑 d_b	剪斷邊	鋼板、型鋼之軋壓或切割邊（註 1）
13	22.0	19.0
16	28.5	22.0
20	32.0	25.0
22	38.0（註 2）	28.5
24	44.5（註 2）	32.0
27	50.0	38.0
30	57.0	41.0
> 30	$1.75 \times d_b$	$1.25 \times d_b$

註 1：若構件在螺孔處之實際應力不大於此構件最大設計強度之 25%，則此欄內之邊距可以減少 3mm。

註 2：若角鋼用於梁之接頭，則兩端之邊距可為 32mm。

（二）標準螺栓孔之間距

1. ASD 最小間距 S_{min}

⑴ 任何方向上之一般規定：$S \geq 8/3d_b$，ASD 以此為規範之下限，

實務上設計時直接取 3d_b。

(2) 沿作用力方向上之特別規定

$$如果 F_p = 1.2F_u，S \geq \begin{cases} 3d_b \\ \dfrac{2P}{F_u t} + \dfrac{d_b}{2} \end{cases} \qquad （7-24）$$

2. ASD 最大間距 S_max：

(1) 未暴露於腐蝕環境之油漆或未油漆構件，在任何方向上最大邊距不得大於 24 倍較薄鋼板厚度或 30cm。

(2) 未經油漆處理而暴露於空氣中之螺栓接頭，在任何方向上最大邊距不得大於 14 倍較薄鋼板厚度或 18cm。

7.2 焊接接合

一、焊接技術相關說明

1. 焊接的原理

焊接就是俗稱的「電焊」，電焊乃利用焊條作為一個電極，藉其尖端與焊材間之電弧產生約攝氏 1500 度的高溫，在接合處形成熔融區域或稱熔池，將接合處的焊材及母材熔化，融池冷卻凝固後使焊材及母材連接為一體，其中包括二個主要的作用：(1) 隔絕氧氣避免氧化，(2) 電弧熔解焊材及母材。

焊接能量的來源包括電弧、氣焰、雷射、電子束、摩擦及超音波等，除在廠區操作外，也可以在其他環境下（如野外、水下及太空）進行。無論在何處操作焊接，都可能帶給施工者及週邊的人某種程度的危險及傷害（如燒傷、感電、視力傷損、吸入有毒氣體、紫外線照射等），因此施工者必須具備危機意識並採取適當的防護措施。

2. 主要的焊接方法

(1) 掩護金屬電弧焊（shielded metal arc welding，SMAW）

　　掩護金屬電弧焊簡稱掩弧焊，係採用被覆焊條及母材分別為電極之電弧焊，其焊機設施有直流及交流二種電力系統，前者因電流穩定、焊接效果佳、快速，較受施工者喜愛，但造價高、性能複雜，一般多用交流電者。此種焊法之優點是歷史悠久、使用最廣泛，較氣體遮護電弧法對風量之敏感性小，適用於所有焊接位置，可在其他焊法難以接近的場域施作；缺點是電流不宜太高，熔填速度及效率較低，焊條需常更換及進行清渣，焊條容易受潮進而影響施工品質。

(2) 潛弧焊（submerged arc welding，SAW）

　　潛弧焊係先將粉末狀的焊劑佈散在熔接部，此法因電弧潛於焊劑中而得名，焊劑有隔絕空氣、緩和凝固及冷卻速度等作用。屬於近端通電，可以實施大電流熔接，作業效率高、穩定，可獲得大尺寸及及優良的施工品質。其優點為電弧發生快、品質穩定、施工快、滲透深、焊道外觀較優、無火花、煙塵少，於大熔填作業中可節省時間，適用於工廠內之施工；缺點是設備費用高、不適用長度較短之電焊作業，也不適合工地施作，僅適用於平焊及橫焊，構件組立精準度要求高、焊前準備工作較複雜。

(3) 氣體遮護金屬電弧焊（gas metal arc welding，GMAW）

　　氣體遮護金屬電弧焊係利用二氧化碳或以二氧化碳為主的混合氣體做為保護熔接部的焊接方法，二氧化碳電弧焊法僅限於鋼鐵之焊接。其優點是電弧容易發生、可連續焊、效率高、焊接品質穩定、外觀較優、適用於各種焊接姿勢，使用的氣體較便宜、施工成本較低；缺點是施工時氣體容易受風影響，較適合工廠內部施工、不適於工地、設備較昂貴。

(4) 電熱熔渣焊（electro slag welding，ESW）

　　電熱熔渣焊係於熔解的熔渣中，連續送入裸金屬線，利用金屬線、熔

融熔渣及熔融金屬中流動電流之電阻熱而熔接的方法，此種焊法僅於熔接開始時發生電弧，當焊劑熔解具有導電性時電弧會消失，之後即利用電阻熱進行熔接作業。其優點是適於厚板之垂直焊接及箱形柱隔板等死角區域之焊道焊接作業，鋼板愈厚愈經濟，停機後容易再啟動；缺點是僅適用於工廠內部作業，焊接速度較慢，施工時溫度高，易將母材或蓋板熔解造成熔融外流。

(5) **包藥焊線電弧焊**（flux cored arc welding，FCAW）

　　包藥焊線電弧焊類似於 GMAW 焊法，但採用能自動給線的包藥焊線，可連續供應與母材接觸產生電弧，將焊線與母材熔融。焊藥主要是產生遮護氣體，參與內部的冶金反應並生成焊渣。如果搭配二氧化碳作為遮護氣體，成本可再降低，此時即稱 FCAW-G 法。其優點同 GMAW 焊法，就是電弧容易發生、可連續焊、效率高、焊接品質穩定、外觀較優、適用於各種焊接姿勢，使用較大電流可提升熔填及移行速度、降低施工成本；缺點是不適於薄板焊接，有焊渣較難清除，煙塵較多需要較好的通風環境。

(6) **電熱氣體焊**（electro gas welding，EGW）

　　電熱氣體焊類似於 ESW 焊法，常用於厚板的垂直焊接，唯 ESW 係以覆蓋焊藥來保護融池，而 EGW 則是採用遮護氣體來保護融池，且加熱來源為電弧所產生的熱量。其優點是適於厚板之垂直焊接作業，鋼板愈厚愈經濟，停機後容易再啟動；缺點是需要準備遮護氣體鋼瓶及氣體膠管等設備，焊接速度較慢。

(7) **植釘焊**（stud welding，SW）

　　植釘焊係採用剪力釘作為焊極，在剪力釘的尖端包覆焊藥，當剪力釘與母材接觸時會產生高熱的電弧，此時再使用焊槍上的彈簧壓下剪力釘，使剪力釘與母材熔接在一起，作業過程也可利用焊藥來遮護電弧。此種焊

法較前面所提的幾種焊法要簡單、迅速及效率高。

二、焊接的接合型式

1. 以焊接型式區分

(1) 對焊或開槽焊（groove weld）：如圖 7-8a，多用於柱的續接、梁腹與柱的對接。

(2) 填角焊或角焊（fillet weld）：如圖 7-8b 這是目前使用最多的一種焊接型式，目前約有 80% 的焊接作業屬於填角焊，其強度雖不如槽型焊，但多數結構接頭仍使用填角焊，主要是因為槽焊的二構件必須幾乎完全相同，一般施工規範規定鋼板厚度超過 25mm，必須要配合開槽。

(3) 塞槽焊（slot weld）：如圖 7-8b，又稱長孔焊或條焊，直接在鋼板母材上鑽開條狀孔，並疊放在另一母材上，沿著條形或增長的孔口，將孔部分或全部焊滿，主要傳遞剪力及防止疊接部分發生挫屈，塞槽焊與塞孔焊亦常用於角焊焊道尺寸不足之處。

(4) 塞孔焊（plug weld）：如圖 7-8b，與塞槽焊功能相同，只是開孔是圓形，而非條形。

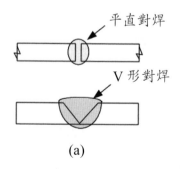

(a)

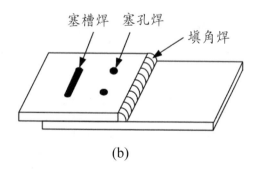

(b)

(c) 鋼構件塡角焊接合照片　　　　　(d) 鋼柱對焊接合照片

圖 7-8　以焊接型式區分示意圖

2. 依接頭型式區分

　　⑴ 對接（butt joint）：如圖 7-9a 所示。

　　⑵ 搭接或疊接（lap joint）：如圖 7-9b 所示。

　　⑶ T 型接（tee joint）：如圖 7-9c 所示。

　　⑷ 角接（corner joint）：如圖 7-9d 所示。

　　⑸ 邊接（edge joint）：如圖 7-9e 所示。

　　除了對接須用對焊、疊接須用角焊外，T 型接、角接及邊接都能用角焊及對焊。

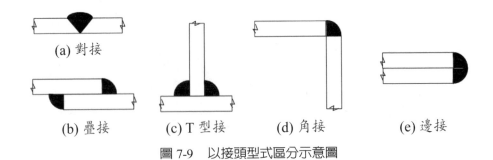

(a) 對接

(b) 疊接　　　(c) T 型接　　　(d) 角接　　　(e) 邊接

圖 7-9　以接頭型式區分示意圖

3. 以焊接位置區分

(1) 平焊（flat welding）：如圖 7-10a 所示，構件水平放置，焊道亦往水平移動，且焊道在構件的上方。

(2) 水平焊（horizontal welding）：如圖 7-10b 所示，構件垂直放置，焊道往水平移動。

(3) 垂直焊（vertical welding）：如圖 7-10c 所示，構件垂直放置，焊道往垂直移動。

(4) 仰焊（overhead welding）：如圖 7-10d 所示，構件水平放置，焊道亦往水平移動，但焊道在構件下方。

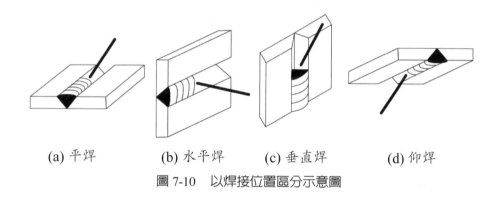

(a) 平焊　　(b) 水平焊　(c) 垂直焊　　(d) 仰焊

圖 7-10　以焊接位置區分示意圖

三、焊接符號及尺寸說明

常用的焊接符號及尺寸說明（如圖 7-11 所示）如下：

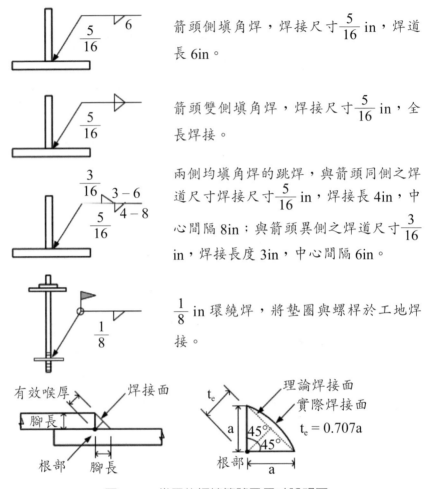

箭頭側填角焊，焊接尺寸$\dfrac{5}{16}$in，焊道長 6in。

箭頭雙側填角焊，焊接尺寸$\dfrac{5}{16}$in，全長焊接。

兩側均填角焊的跳焊，與箭頭同側之焊道尺寸焊接尺寸$\dfrac{5}{16}$in，焊接長 4in，中心間隔 8in；與箭頭異側之焊道尺寸$\dfrac{3}{16}$in，焊接長度 3in，中心間隔 6in。

$\dfrac{1}{8}$ in 環繞焊，將墊圈與螺桿於工地焊接。

圖 7-11　常用的焊接符號及尺寸說明圖

　　因為填角焊之最小抗剪面積在 45° 的斜面上，當它要傳遞剪力時，破壞面約略沿著的斜面發生（如圖 7-11）。吾人定義焊接的「有效面積」＝（有效喉厚）×（有效焊長），有效喉厚（effective throat dimension）即為計算有效面積的焊接尺寸，指的是接合根部至理論焊道表面的最短距離；而有效焊長即為實際焊接長度，但有些焊接型式中，焊道長度並非全部採

納，因此才用「有效」焊長來表示。

當焊道中連接根部的二個方向具有相同腳長 a（標稱尺寸），有效喉厚 $t_e = 0.707a$；當焊道中連接根部的二個方向具有不同腳長（一邊 a、一邊 b）時，則有效喉厚 $t_e = \dfrac{ab}{\sqrt{a^2 + b^2}}$。

四、焊接尺寸之限制

1. 填角焊

⑴ 最小焊接尺寸：a_{min} 由較厚的鋼板來決定，且不得超過較薄鋼板的厚度，而鋼板厚度大於 19mm，其 $a_{min} = 8mm$。相關規定如表 7-5 所示。

表 7-5　填角焊最小尺寸一覽表

項次	接合部較厚鋼板厚度 t（mm）	最小焊腳尺寸 a_{min}
1	$t \leq 6$	3
2	$6 < t \leq 12$	5
3	$12 < t \leq 19$	6
4	$19 < t \leq 38$	8

⑵ 最大焊接尺寸：最大焊接尺寸之規定旨在避免焊材強度高過鋼板母材強度太多而造成浪費。當疊接時直角邊對到的鋼板厚度 $t \leq 6mm$ 時，$a_{max} = t$；若 $t > 6mm$ 時，$a_{max} = t - 1.5mm$。

⑶ 最小有效長度：填角焊長度不得小於填角焊標稱尺寸之 4 倍。

⑷ 回頭焊：回頭焊可有效減少振動、偏心載重及應力集中現象。規範規定填角焊必須增加回頭焊，且長度不得小於填角焊標稱尺寸之 2 倍。

⑸疊接長度：利用疊接來傳遞軸向載重時，兩端均須填角焊，其疊接長度不得大於較小板厚的 5 倍或 25mm（1in）。

2. 對焊

焊道超額厚度有 100%、125% 及 150% 三種，焊道要比喉厚大的原因有二種：(1) 加強材料能提供額外強度以彌補焊接時之缺陷，(2) 完全平整之焊接面不容易辦到。一般鋼板厚小於 8mm（5/16in）時採用平直形對焊，大於 8mm 時採用單 V 形或雙 V 形對焊。

3. 開槽焊

有效焊長就是實際焊接長度，全滲透開槽焊之有效喉厚為接合部較薄鋼板之厚度。部分滲透開槽焊之最小有效喉厚 $t_{e, min}$ 由較厚之鋼板決定（如表 7-6 所示），且不得大於較薄鋼板之厚度。

表 7-6　部分滲透開槽焊之最小喉厚一覽表

項次	接合部較厚鋼板厚度 t（mm）	有效喉厚之最小尺寸 $t_{e,min}$
1	t ≤ 6	3
2	6 < t ≤ 12	5
3	12 < t ≤ 19	6
4	19 < t ≤ 38	8
5	38 < t ≤ 57	10
6	57 < t ≤ 150	12
7	t > 150	16

4. 塞槽焊及塞孔焊

⑴有效面積 = 實際開孔（槽）之面積。

⑵塞槽焊之尺寸限制：孔內焊料厚度 t_1 ≤ 16mm 時，$t = t_1$；$t_1 >$

16mm 時，t = max($t_l/2$, 16mm)。孔長 $L_s \leq$ 10t，孔寬 2.25t $\geq$ b $\geq$ (t_l + 8mm)；條孔橫距 g $\geq$ $2L_s$、條孔縱距 s $\geq$ 4b。

(3) 塞孔焊之尺寸限制：孔徑 2.25t $\geq$ D $\geq$ (t_l + 8mm)，圓孔間距 s $\geq$ 4D，孔內焊料厚度規定與塞槽焊相同。

五、焊接接合之受力分析

（一）焊接之斷面性質

　　焊接接合如同螺栓接合，係採彈性分析法來進行受力分析，也就是假設所有的作用力都由焊接處來承受，並且使用材料力學中線彈性應力公式來計算焊接處之作用應力。

1. 焊道斷面積：不論焊道形狀為何，有效斷面積為有效喉厚 t_e $\times$ 有效焊長 L：

$$A = t_e L \tag{7-25}$$

如果是填角焊而且不用潛弧焊（SAW），則焊道的有效面積 A 為

$$A = (0.707a)L \tag{7-26}$$

2. 焊道之斷面形心位置：依靜力學的概念，吾人可利用簡單的面積分解配合形心公式。

(1) x 軸形心位置

　　焊道合面積 $\times$ 合面積對 x 軸形心位置之距離

　　= Σ（各單元面積 $\times$ 各單元面積對 x 軸形心位置之距離）

$$\bar{x} = \frac{\Sigma A_1 x_1 + A_2 x_2 + \cdots}{\Sigma A_1 + A_2 + \cdots} = \frac{\Sigma A_i x_i}{A} \tag{7-27}$$

(2) y 軸形心位置

　　焊道合面積 $\times$ 合面積對 y 軸形心位置之距離

　　= Σ（各單元面積 $\times$ 各單元面積對 y 軸形心位置距離）

$$\bar{y} = \frac{\Sigma(A_1y_1 + A_2y_2 + \cdots)}{\Sigma(A_1 + A_2 + \cdots)} = \frac{\Sigma A_iy_i}{A} \qquad （7\text{-}28）$$

⑶ 焊道斷面積對形心軸之慣性矩

焊道對形心軸之慣性矩 = Σ 各單元面積形心軸之慣性矩

$$I_x = \Sigma(I_{1x} + I_{2x} + \cdots) \qquad （7\text{-}29）$$

任意軸慣性矩 = 形心軸慣性矩 + 面積 × 形心至任意軸垂直距離 （d）的平方

$$I_{任意軸} = I_{形心軸} + Ad^2 \qquad （7\text{-}30）$$

⑷ 焊道斷面對形心軸之極慣性矩

$$J = I_x + I_y \qquad （7\text{-}31）$$

在計算此極慣性矩時可以忽略有效喉厚的高次項。

（二）焊接處之作用力

塡角焊、條焊及塞焊係以承受剪力作用爲主，對焊則以承受直接拉力或壓力爲主。

1. 焊接之直接剪作用力：直接假設剪力平均分配在有效面積上，因此作用在焊道上的剪應力 f_v

$$f_v = \frac{P}{A} = \frac{P}{t_e\Sigma L} \qquad （7\text{-}32）$$

單位長度上的剪作用力 V

$$V = \frac{P}{\Sigma L} \qquad （7\text{-}33）$$

其中 P 爲構件橫剖面上的作用力，ΣL 爲焊道總長度。

2. 焊接之拉壓作用力：焊接處承受拉力或壓力作用時，仍然以平均分配的方式來計算作用在焊道上的直接拉應力或壓應力 f_N

$$f_N = \frac{P}{A} = \frac{P}{t_e\Sigma L} \qquad （7\text{-}34）$$

單位長度上的直接拉力或壓力 P_N

$$R_N = \frac{P}{\Sigma L} \qquad (7\text{-}35)$$

3. 焊接之扭轉剪作用力：焊接任一點的扭轉剪應力 f_T

$$f_T = \frac{Tr}{J} = \frac{T}{I_x + I_y} r \qquad (7\text{-}36)$$

其中 $T = \pm P_x e_y \pm P_y e_x$，為了方便計算應力的疊加，可直接將 f_T 分解成 y 軸（垂直軸）及 x 軸（水平軸）的分力 f_{Ty} 及 f_{Tx}：

$$f_{Ty} = \frac{Tx}{J} = \frac{T}{I_x + I_y} x \qquad (7\text{-}37)$$

$$f_{Tx} = \frac{Ty}{J} = \frac{T}{I_x + I_y} y \qquad (7\text{-}38)$$

4. 焊接之彎曲作用力：焊接處任一點的彎曲正向應力 f_M 和單位長度的彎曲正向力 R_M：

$$f_M = R_M = \frac{My}{I} \qquad (7\text{-}39)$$

（三）焊接處之合成應力

1. 焊接之扭剪合成應力（如圖 7-12）：扭矩是由偏心作用力 P 在 x 軸（垂直軸）及 y 軸（水平軸）的分力所造成，$T = \pm P_x e_y \pm P_y e_x$，而作用力 P 會移至焊道形心上發生作用。故作用在焊道上的水平直剪應力 f_{vx} 及單位長度的水平直剪作用力 V_x 為

$$f_{vx} = \frac{P_x}{t_e \Sigma L} \;,\; V_x = \frac{P_x}{\Sigma L} \qquad (7\text{-}40)$$

垂直直剪應力 f_{vy} 及單位長度的垂直直剪作用力 V_y 為

$$f_{vy} = \frac{P_y}{t_e \Sigma L} \;,\; V_y = \frac{P_y}{\Sigma L} \qquad (7\text{-}41)$$

同時考慮扭剪應力及直剪應力時，依照「同向相加、反向相減」之原則，最大合應力會出現在最外緣焊點處，最大合成作用之剪應力 f_R 為

$$f_R = \sqrt{[(f_{vx} + f_{Tx})^2 + (f_{vy} + f_{Ty})^2]}$$ （7-42）

最大單位長度的合成作用力 R_{max} 為

$$R_{max} = \sqrt{[(V_x + V_{Tx})^2 + (V_y + V_{Ty})^2]}$$ （7-43）

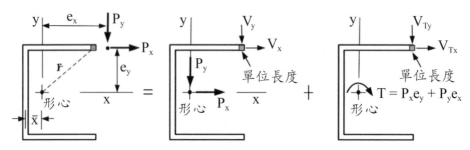

圖 7-12　焊道之合成應力作用示意圖

2. 焊接之彎剪 + 扭剪之合成應力：當焊道同時承受剪力、彎矩及扭矩作用時，最大合成作用應力 f_R 為

$$f_R = \sqrt{[f_M^2 + (f_{vx} + f_{Tx})^2 + (f_{vy} + f_{Ty})^2]}$$ （7-44）

最大單位長度的合成作用力 R_{max} 為

$$R_{max} = \sqrt{[R_M^2 + (V_x + V_{Tx})^2 + (V_y + V_{Ty})^2]}$$ （7-45）

（四）焊接之強度規範

1. 焊條強度之辨識：臺灣 CNS 對焊條之表示方法與美國焊接協會（AWS）大同小異，第一個字母「E」是 electrodes 之縮寫（電極之意），其後會有 4～5 個數字，前 2～3 的數字代表焊條之強度，臺灣 CNS 以 kgf/mm^2 表示，美國 AWS 以 ksi 表示，例如美規 E70XX，代表焊條強度 70ksi(50kgf/mm^2)，E80XX，代表焊條強度 80ksi(56kgf/mm^2)。後 2 位數字則代表施焊的位置、電流種類、電弧強弱、溶透性及藥皮類型等細節。

2. 焊材與母材之匹配（matching）：主要是為避免母材及焊材之強度

落差過大，造成材料的浪費，基本上是要求兩種材料的強度是相近的。美國焊接協會規定，A36 鋼材在掩弧焊（SMAW）可用 E60 或 E70 之焊材，在潛弧焊（SAW）可用 F6 或 F7。一般構造用的鋼材匹配的焊條，比較重要的大約有二種：

⑴ 與美規 E70XX 匹配的母材 $F_y < 60ksi(43kgf/mm^2)$。

⑵ 與美規 E80XX 匹配的母材 $60ksi \leq F_y < 65ksi(46kgf/mm^2)$。

當母材與焊材相匹配時，吾人就直接認定強度由母材控制，亦即只要計算母材的強度是否滿足需求，不必考慮焊材的強度。臺灣有關母材及焊材的匹配規定，載明於「鋼構造建築物鋼結構施工規範」，請讀者自行參閱。

3. 焊接之容許應力 f_w：整理如表 7-7 所示。

表 7-7　焊接容許應力一覽表

焊接型式	應力種類	容許應力 f_w
填角焊	有效面積上之剪應力	$0.3F_u$（焊材） $0.4F_y$（母材）
	平行於焊軸之拉、壓應力	與母材相同
塞焊、條焊	有效面積上之剪應力	$0.3F_u$（焊材） $0.4F_y$（母材）
完全滲透之對焊	正交於有效面積上之拉應力	與母材相同
	平行於焊軸之拉、壓應力	與母材相同
	平行於焊軸之剪應力	$0.3F_u$（焊材） $0.4F_y$（母材）
部分滲透之對焊	正交於有效面積上之拉應力	$0.3F_u$（焊材） $0.4F_y$（母材）
	正交於有效面積上之壓應力	與母材相同
	平行於焊軸之拉、壓應力	與母材相同
	平行於焊軸之剪應力	$0.3F_u$（焊材） $0.4F_y$（母材）

4. 填角焊及對焊單位長度之焊接強度 R_w = 有效喉厚 $t_e \times$ 容許應力 f_w

　　(1) SMAW 之單位長度焊接強度：

$$R_w = 0.707a \times 0.3F_u（焊材） \tag{7-46}$$

$$= 0.4F_y t（母材） \tag{7-47}$$

其中 t 為母材厚度，a 為焊接標稱尺寸，式（7-46）及（7-47）取大值控制。

　　(2) SAW 之單位長度焊接強度：

　　A. 當焊接標稱尺寸時 $a \leq 10mm \left(\dfrac{3}{8} \text{ in} \right)$ 時

$$R_w = a \times 0.3F_u（焊材） \tag{7-48}$$

　　B. 當焊接標稱尺寸 $a > 10mm \left(\dfrac{3}{8} \text{ in} \right)$ 時

$$R_w = (0.707a + 0.28mm) \times 0.3F_u（焊材） \tag{7-49}$$

　　C. $\qquad\qquad R_w \leq 0.4F_y t（母材） \tag{7-50}$

【例題 7-3】 如圖 7-13，長肢背對背雙角鋼（2L125×90×13mm，斷面積 52.52cm^2）受拉構材，端部接合板之厚度為 13mm，接合板與雙角鋼以填角焊接合，焊材為 E70 焊條（F_u = 4900kgf/cm^2）。採用 SMAW 焊法接合，必須具有足夠之強度傳遞構材之拉力，並考慮力的平衡，試根據 ASD 設計此接合方式，使得 L_1 為最短，並將結果繪圖（含焊接符號）表示之。（註：已知接合板強度足夠，不必檢核其強度。）

鋼材性質：F_y = 3500kgf/cm^2，F_u = 4600kgf/cm^2

參考公式（單位 kgf－cm）：F_t = 0.6F_y，F_t = 0.5F_u，F_v = 0.3F_u，A_t = UA_n

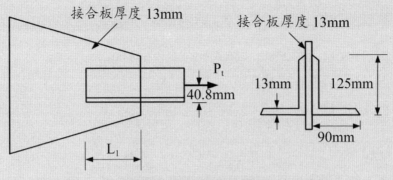

圖 7-13　長肢背對背雙角鋼與鋼板接合示意圖

解：

因題示接合板強度已足夠，所以只要檢核雙角鋼之強度即可。

一、構件強度計算：先假設折減係數 $U = 0.9$（請參第三章內容）

1. $A_e = UA_g = 0.9 \times 52.52 = 47.27 \text{cm}^2$

2. $P_t = 0.6F_yA_g = 0.6 \times 3500 \times 52.52 \times 10^{-3} = 110.29 \text{tf}$（控制）

3. $P_t = 0.5F_uA_e = 0.5 \times 4600 \times 47.25 \times 10^{-3} = 108.729 \text{tf}$

故接合處單支角鋼焊接必須具有 $110.29/2 = 55.15 \text{tf}$ 的強度。

二、決定填角焊尺寸：為使為 L_1 最小，盡量使用較大填角焊尺寸，
　　因 $t = 13 \text{mm} > 6 \text{mm}$

最大填角焊尺寸 $a_{max} = 13 - 1.5 = 11.5 \text{mm}$

採用填角焊尺寸 $a = 11 \text{mm}$。

三、計算單位長度焊接強度：SMAW 焊法之有效喉厚 $t_e = 0.707a$，
　　單位長度焊接強度

1. $R_w = 0.707a \times 0.3F_u = 0.707 \times 1.1 \times 0.3 \times 4.1 = 1.143 \text{tf/cm}$（控制）

2. $R_w = 0.4F_yt = 0.4 \times 3.5 \times 1.3 = 1.82 \text{tf/cm}$

四、計算焊道長度：

所需焊道長度 $= L1 + L2 + 12.5 = \dfrac{55.15}{1.143} = 48.25 \text{cm}$ 　　　　(1)

焊道合力中心與外力重合，$4.08 = \dfrac{L_2 \times 12.5 + 12.5 \times 12.5/2}{48.25}$　　　　(2)

由 (1) 及 (2) 式可得 $L_1 = 26.25$cm，$L_2 = 9.50$cm

五、計算及檢核折減係數：

$\bar{x} = \dfrac{1.3 \times 9 \times 4.5 + 12.5 \times 1.3 \times 1.3/2}{52.52/2} = 2.41$cm

$U = 1 - \dfrac{\bar{x}}{L} = 1 - \dfrac{2.41}{26.25} = 0.91 \cong 0.9$　　　　OK

故本題採用 $U = 0.9$ 折減淨斷面拉斷之構件強度，尚稱妥當。

六、焊接作業尺寸繪圖如下：

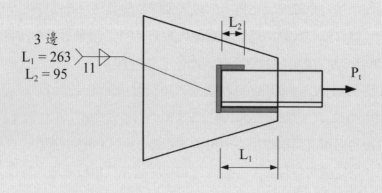

【例題 7-4】如圖 7-14，有一角鋼托架與柱面接合，若 P = 20tf，偏心距 e = 10cm，焊條之容許應力 f_w = 1.4tf/cm^2，選用焊量（焊道尺寸）12mm，試求角焊垂直方向之長度 L。

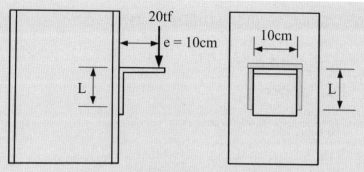

圖 7-14　　角鋼與柱接合及受力示意圖

解：

一、計算斷面性質：

1. 斷面積 $A = 10 + 2L$

2. 垂直方向形心位置（以上緣為基線向下）$\bar{y} = \dfrac{2L \times L/2}{10 + 2L} = \dfrac{L^2}{10 + 2L}$

3. 慣性矩 $I = 10 \times 1 \times \bar{y}^2 + 2\left[\dfrac{1}{3} \times 1 \times \bar{y}^3 + \dfrac{1}{3} \times 1 \times (L - \bar{y})^3\right]$

$$= \dfrac{10L^4}{(10 + 2L)^2} + 2/3\left[\dfrac{L^6}{(10 + 2L)^3} + \dfrac{(10L + L^2)^3}{(10 + 2L)^3}\right]$$

4. 形心軸斷面模數 $\bar{S} = \dfrac{I}{\bar{y}} = \dfrac{10L^2}{10 + 2L} + 2/3\left[\dfrac{L^4}{(10 + 2L)^2} + \dfrac{L(10 + L)^3}{(10 + 2L)^2}\right]$

二、以試誤法求焊道長度 L：試 $L = 15\text{cm}$

1. 剪應力 $f_v = \dfrac{20}{10 + 2 \times 15} = 0.5\text{tf/cm}^2$

2. $\bar{S} = \dfrac{10L^2}{10 + 2L} + 2/3\left[\dfrac{L^4}{(10 + 2L)^2} + \dfrac{L(10 + L)^3}{(10 + 2L)^2}\right]$

$$= \dfrac{10 \times 15^2}{10 + 2 \times 15} + 2/3\left[\dfrac{15^4}{(10 + 2 \times 15)^2} + \dfrac{15(10 + 15)^3}{(10 + 2 \times 15^2)}\right] = 175\text{cm}^3$$

3. 彎曲應力 $f_M = \dfrac{20 \times 10}{175} = 1.143\text{tf/cm}^2$

4. 合成作用應力 f_R 為

$$f_R = \sqrt{f_M{}^2 + f_v{}^2} = \sqrt{(0.5)^2 + (1.143)^2} = 1.247 tf/cm^2$$

$5.t_{e,req} = \dfrac{f_R}{f_w} = \dfrac{1.247}{1.4} = 0.891 cm > 0.707a = 0.707 \times 1.2 = 0.848 cm$ NG

三、再試 L = 16cm

$1.f_v = \dfrac{20}{10 + 2 \times 16} = 0.476 tf/cm^2$

$2.\bar{S} = \dfrac{10L^2}{10 + 2L} + 2/3\left[\dfrac{L^4}{(10 + 2L)^2} + \dfrac{L(10 + L)^3}{(10 + 2L)^2}\right]$

$= \dfrac{10 \times 16^2}{10 + 2 \times 16} + 2/3\left[\dfrac{16^4}{(10 + 2 \times 16)^2} + \dfrac{16(10 + 16)^3}{(10 + 2 \times 16^2)}\right] = 192 cm^3$

$3.f_M = \dfrac{20 \times 10}{192} = 1.042 tf/cm^2$

4.合成作用應力 f_R 為

$$f_R = \sqrt{f_M{}^2 + f_v{}^2} = \sqrt{(0.476)^2 + (1.042)^2} = 1.146 tf/cm^2$$

$5.t_{e,req} = \dfrac{f_R}{f_w} = \dfrac{1.146}{1.4} = 0.818 cm < 0.848 cm$ OK

四、兩側焊道長度各 16cm，外加橫向焊道長 10cm，總計 42cm。

第八章 鋼結構其他說明

8.1 合成構材及 SRC 結構

依內政部頒行的《鋼構造建築物鋼結構設計技術規範》第九章「合成構材」相關說明，合成構材適用於熱軋型鋼、組合型鋼或鋼管與結構混凝土共同作用之合成柱（圖 8-1a 及 b），以及鋼骨梁支撐混凝土樓版且與樓版共同作用以抵抗彎矩之合成梁（圖 8-1c）。含剪力釘或混凝土包覆之簡支及連續合成梁（圖 8-1d），不論施工時有無設置臨時支撐，均涵蓋在內。另解說「鋼骨與混凝土或鋼筋混凝土共同作用之結構構材型態可概分為 4 類：(1) 鋼骨與 RC 版共同作用之構材；(2) 鋼筋混凝土包覆鋼之構材；(3) 鋼管填充混凝土之構材；(4) 混凝土包覆鋼骨之構材。國內合成梁構材包括上述第 1 及 2 類構材，合成柱構材包括上述第 2 及 3 類構材，第 4 類構材則甚少使用。」第 4 類構材（混凝土包覆鋼骨）所用之混凝土並無鋼筋，因此混凝土的主要功能乃作為防火披覆及停車空間內之防撞。

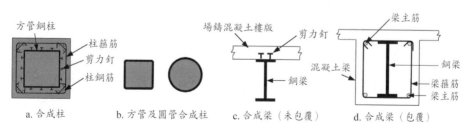

方管鋼柱 柱箍筋 剪力釘 柱鋼筋		場鑄混凝土樓版 剪力釘 混凝土梁 鋼梁	梁主筋 鋼梁 梁箍筋 梁主筋
a.合成柱	b.方管及圓管合成柱	c.合成梁（未包覆）	d.合成梁（包覆）

圖 8-1　合成構材種類示意圖

由上說明，吾人可以理解合成構材（composite member）係由兩種以上不同的材料所組合而成的構材，材料間藉由各種固接機制結合在一起，

形成複合作用共同抵抗外加作用力。吾人所熟知的鋼筋混凝土就是一種典型的合成構材，混凝土經過固化凝結後，將鋼筋包裹緊密形成一體，由鋼筋來承受外作用力所產生的拉力、混凝土承受壓力。而鋼結構中所指的合成構材，就是鋼骨與鋼筋混凝土結合而成的構造物。圖 8-2 為中國 G5 京昆高速公路（雅安至西昌瀘沽段）之臘八斤大橋高度 182.5 公尺的橋墩，使用鋼管內外均澆置混凝土藉以抗震及承載之設計，減輕 30% 自重。

圖 8-2 橋墩使用鋼管內外加混凝土照片

　　在臺灣很少使用「合成構材」這個名稱，一般將鋼骨與鋼筋混凝土合成的結構稱為「鋼骨鋼筋混凝土（steel reinforced concrete）」，簡稱為 SRC。SRC 結構之勁度與韌性均屬良好，且外包之鋼筋混凝土除對鋼骨所提供束制能力及防火披覆外，亦可增強抗挫屈能力及增加構件之韌性，有效避免局部挫屈之發生。然而 SRC 結構之施工較為複雜，尤其是梁柱接頭處之施工較鋼筋混凝土結構（RC）及鋼結構（SS）困難，一旦施工不當影響工程品質，也可能影響耐震能力和危害住戶之安全。茲將 RC 結構、SS 結構及 SRC 結構之優劣作一比較，如表 8-1 所示。吾人可看出，SRC 結構特別適於住宅大樓，因防火、隔音、地震及颱風時的減少擺動幅度，是對大樓住戶之最優先考量。國內較著名的超高大樓如台北 101 及台北南山廣場大樓主要作為商辦用途，結構型式為 SS 結構，位於地下室的鋼柱則以混凝土包覆提供防火及防撞之功能。但為加強抗震及抗風之能

力（減少擺幅），均在較高的某一樓層增設巨型鋼球，作為抗風及抗震之阻尼器。至於 RC 結構，由於受混凝土自重之影響，一般梁的跨距較 SS 結構及 SRC 結構小，樓高多在 25 層以下，極少數樓高到達 30 層。

表 8-1　RC 結構、SS 結構及 SRC 結構之優劣表

	耐震能力		適居性			施工性
	強度／重量比	韌性	勁度	隔音	防火性	
RC	可	可	優	優	優	良
SS	優	優	可	可	可	優
SRC	良	良	優	優	優	可

圖 8-3a　臺北 101 大樓外觀照片

圖 8-3b　南山廣場大樓外觀（施工中）照片

8.2 結構隔減震

一、鋼構造之斜撐系統

依內政部頒行的《建築物耐震設計規範（100.01.19 版）》相關說明，該規範規定建築物結構體、結構物部分構體、非結構構材與設備、非建築結構物、隔震建築物以及含被動消能系統建築物設計地震力之計算方式及耐震設計之相關規定。對於耐震設計之基本原則為：「使建築物結構體在中小度地震時（回歸期 30 年之地震，50 年超越機率約 80%）保持在彈性限度內；在設計地震時（回歸期約 475 年之地震，50 年超越機率約 10%）容許產生塑性變形，但韌性需求不得超過容許韌性容量；在最大考量地震時（回歸期約 2500 年之地震，50 年超越機率約 2%）則使用之韌性可以達到規定之韌性容量。

耐震結構除儘量避免幾何形狀不規則、平面及立面不規則、質量不規則、勁度不規則外，也可以採用斜撐系統來抵抗水平地震力和加強結構物耐震的功能。主要的斜撐系統包括：(1) 同心斜撐構架系統（concentrically braced frame system，CBF），如圖 8-4a 及圖 8-5a 所示，此種系統的主要優點在於發生中、弱震時抗震效果較為顯著，但其缺點就是發生強震時，其斜撐系統很容易在反復應力作用下產生挫屈，此時巨大的地震力僅由抗彎構架承受，而抗彎構架的尺寸因設置斜撐而減少，以致無法抵抗強震，甚至構架突然發生崩塌；(2) 偏心斜撐構架系統（eccentrically braced frame system，EBF），如圖 8-4b 及圖 8-5b 所示。前者的斜撐中心線與梁柱接頭中心交於一點或與其他斜撐共同交於梁中心線；後者的斜撐中心線不與梁柱接頭中心交於一點，並保留一段適當的偏距（offset），該偏距量梁段即稱為活性連桿（active bar），此活性連桿可以穩定且大量地消散地震的能量，藉以抵抗強震不致發生崩塌現象。

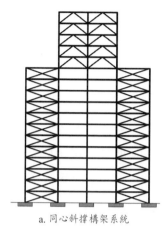
a. 同心斜撐構架系統

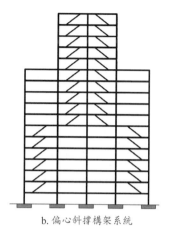
b. 偏心斜撐構架系統

圖 8-4 同心及偏斜撐構架系統示意圖

圖 8-5a 同心斜撐（跨樓層）系統照片

圖 8-5b 偏心斜撐系統照片

二、制震及隔減震設施

1999 年的 921 集集大地震造成全台慘重災情及 2016 年美濃地震引發台南地區多棟建築物全毀，尤其是維冠大樓的倒塌造成 115 位民眾的死

亡，提醒工程師們建築結構的安全經不起任何的疏失。建築結構的耐震除了結構系統的安全設計外，也可以考慮增設外加制震及隔減震設施來強化結構物的抗震和免震能力。

所謂「制震」就是加裝制震元件（被動式消能機構），其基本原理類似汽車的避震器，亦即在結構物適當位置的梁柱之間加裝「阻尼器（damper）」或其他消能元件。當地震發生造成結構物左右搖晃時，藉由阻尼器的變形來吸收地震的能量，以減少結構物的搖晃幅度及震動延時，如此可以保護主結構不致破壞，保障住戶的生命財產安全。

目前市面上較常見的制震設施除了調諧質量阻尼器（tuned mass damper，TMD- 台北 101 及南山廣場大樓內裝設）外，主要有：(1) 液流型阻尼器（viscous damper），如圖 8-6a 所示，屬於速度型阻尼器；(2) 高分子黏彈性制震壁（VE damper），如圖 8-6b 所示，亦屬於速度型阻尼器；(3) 合金型制震壁（MF damper），如圖 8-6c 所示，屬於位移型阻尼器。阻尼器及制震壁之優點如下：

1. 增加結構物額外勁度，提高構造之韌性。
2. 屬簡易之機械設計，不需使用電源。
3. 施工容易（可以後裝，乾式施工），拆除及搬移範圍小，所需經費較低。
4. 不改變室內原有空間配置，工期短，施工時不影響生活及辦公作息。
5. 不影響採光，原有通道動線可維持正常使用。
6. 可使用化學錨栓與原有鋼筋混凝土面有效接合。

隔震設施（如圖 8-6d 所示）可應用於精密醫療設施（如核磁共振成影及電腦斷層攝影）、資訊金融機構之伺服器資訊中心及高載量數據庫、高端科技業者之掃描式電子顯微鏡及原子力顯微鏡、工藝精品、古玩瓷

器、琉璃藝件、絹帛絲畫及其他保值物品。

圖 8-6a　流型阻尼器試驗照片

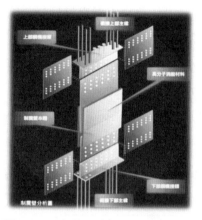

圖 8-6b　高分子黏彈性制震壁圖片

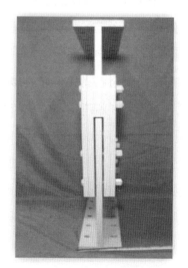

圖 8-6c　合金型制震壁照片

圖 8-6d　鉛心橡膠及滑動支承隔震
　　　　 器照片

（以上圖片及照片由新康卓科技股份有限公司提供）

8.3 鋼結構補強

　　921 集集大地震是臺灣時間 1999 年 9 月 21 日上午 1 時 47 分 15.9 秒，發生於臺灣中部山區的逆斷層型地震，芮氏規模 7.3，臺灣全島均感受劇烈搖晃，時間長達 102 秒，係第二次世界大戰後臺灣地區傷亡損失最大的天然災害。震央位於北緯 23.85 度、東經 120.82 度，約在南投縣集集鎮境內，震源深度僅 8.0 公里，屬於極淺層地震。該地震肇因於車籠埔斷層的錯動，並在地表造成長達 85 公里的破裂帶，另外也有學者認為是由車籠埔斷層及大茅埔－雙冬斷層兩條活動斷層同時再次活動所引起。根據統計資料，本次大地震造成 2,415 人死亡，29 人失蹤，11,305 人受傷，51,711 間房屋全倒，53,768 間房屋半倒。

　　921 大地震之後，政府積極主導修正結構物（含建築及橋樑等）耐震規範，而且對於公立學校教室及校舍、公有建築物之耐震安全亦進行全面性之耐震評估作業，安全性有疑慮的建築物及橋樑均辦理結構補強，公有建物多為鋼筋混凝土建物，其補強方式主要是使用鋼構件來增設樓層間斜撐系統，藉以提昇對水平作用推力之抵抗，常見的結構補強方式如圖 8-7 所示。根據內政部頒行的《建築物耐震設計規範（100.01.19 版）》第二章（靜力分析方法）之說明，形狀規則之建築物，不屬於須進行動力分析者，可將地震力之計算以靜力法進行結構分析，並將地震力假設為單獨分別作用在建築物之兩主軸方向上。構造物各主軸方向分別承受地震力之最小設計總橫力 V 為

$$V = \frac{S_{aD}I}{1.4\alpha_y F_u}W \qquad (8\text{-}1)$$

　　（8-1）式中 $\frac{S_{aD}}{F_u}$ 得依下式修正，並命 $\left[\dfrac{S_{aD}}{F_u}\right]_m$ 如下：

$$\left[\frac{S_{\alpha D}}{F_u}\right]_m = \begin{cases} \dfrac{S_{\alpha D}}{F_u}, & \dfrac{S_{\alpha D}}{F_u} \le 0.3 \\[2mm] 0.52\dfrac{S_{\alpha D}}{F_u} + 0.144, & 0.3 < \dfrac{S_{\alpha D}}{F_u} < 0.8 \\[2mm] 0.70\dfrac{S_{\alpha D}}{F_u}, & \dfrac{S_{\alpha D}}{F_u} \ge 0.8 \end{cases} \qquad (8\text{-}2)$$

則（8-1）式可改寫為

$$V = \frac{I}{1.4\alpha_y}\left[\frac{S_{\alpha D}}{F_u}\right]_m W \qquad (8\text{-}3)$$

其中

$S_{\alpha D}$：工址設計水平譜加速度係數，為工址水平向之設計譜加速度與重力加速度 g 之比值。

I：用途係數。

W：建築物全部靜載重。活動隔間至少應計入 75kgf/m² 之重量，一般倉庫、書庫應計入至少 1/4 活載重，水箱及水池等容器，應計入全部內容物之重量。

α_y：起始降伏地震力放大倍數。

F_u：結構系統地震力折減係數。

圖 8-7　常見的結構補強照片

參考文獻

1. 王焰烈編著，鋼結構設計精要，文笙書局，73 年
2. 李錫霖、蔡榮根編著，鋼結構設計，五南圖書出版股份有限公司，98 年
3. 毛昭綱編著，鋼結構設計，全華圖書股份有限公司，97 年
4. 許弘編著，觀念鋼結構（系統剖析），文笙書局，103 年
5. 許弘編著，鋼結構必做 50 題型，文笙書局，105 年
6. 許其洪（改名聖富），原子塔──比京布魯塞爾市的地標，營建世界 67 期，76 年
7. 許其洪（改名聖富），現代建築的先聲──艾菲爾鐵塔，營建世界 77 期，77 年
8. AISC 360-10 Specification for structural steel buildings，99 年
9. 鋼構造建築物鋼結構設計技術規範，99 年
10. 建築物耐震設計規範，100 年
11. G5 京昆高速 - 雅安至西昌瀘沽段高速公路項目簡介，四川省交通運輸廳公路規劃勘察設計研究院，105 年
12. 新康卓科技股份有限公司產品型錄（獲同意引用資料）
13. GOOGLE 網站
14. 維基百科網站
15. 百度百科網站

國家圖書館出版品預行編目資料

鋼結構設計入門／許聖富著. ――二版.――
臺北市：五南圖書出版股份有限公司,
2024.03
面；　公分
ISBN 978-626-366-947-5（平裝）

1.CST: 鋼結構　2.CST: 結構工程

441.559　　　　　　　112022314

5T32

鋼結構設計入門

作　　　者 ― 許聖富（231.9）

發 行 人 ― 楊榮川

總 經 理 ― 楊士清

總 編 輯 ― 楊秀麗

副總編輯 ― 王正華

責任編輯 ― 金明芬、張維文

封面設計 ― 鄭云淨、姚孝慈

出 版 者 ― 五南圖書出版股份有限公司

地　　　址：106台北市大安區和平東路二段339號4樓

電　　　話：(02)2705-5066　　傳　　真：(02)2706-6100

網　　　址：https://www.wunan.com.tw

電子郵件：wunan@wunan.com.tw

劃撥帳號：01068953

戶　　　名：五南圖書出版股份有限公司

法律顧問　林勝安律師

出版日期　2017年3月初版一刷
　　　　　2024年3月二版一刷

定　　　價　新臺幣350元

經典永恆・名著常在

五十週年的獻禮——經典名著文庫

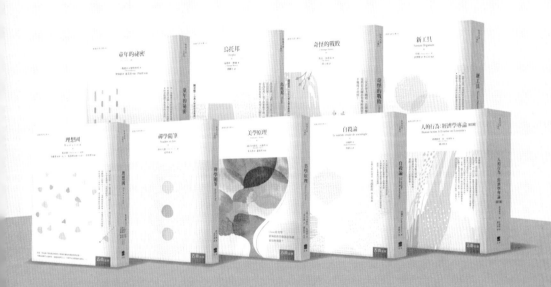

　　五南，五十年了，半個世紀，人生旅程的一大半，走過來了。

　　思索著，邁向百年的未來歷程，能為知識界、文化學術界作些什麼？

　　在速食文化的生態下，有什麼值得讓人雋永品味的？

歷代經典・當今名著，經過時間的洗禮，千錘百鍊，流傳至今，光芒耀人；

　　不僅使我們能領悟前人的智慧，同時也增深加廣我們思考的深度與視野。

　　我們決心投入巨資，有計畫的系統梳選，成立「經典名著文庫」，

　　希望收入古今中外思想性的、充滿睿智與獨見的經典、名著。

　　這是一項理想性的、永續性的巨大出版工程。

不在意讀者的眾寡，只考慮它的學術價值，力求完整展現先哲思想的軌跡；

　　為知識界開啟一片智慧之窗，營造一座百花綻放的世界文明公園，

　　任君遨遊、取菁吸蜜、嘉惠學子！